好家教·好习惯·好家风

中国家风

学生版

张建云 赵志国 / 主编

山东友谊出版社

序

我是拼了

张建云

听说。

某学校学生，因作弊被老师查住，竟然“恼羞成怒”，群起而攻之，将老师暴打。

我说的是暴打，不是报答。

又听说。

某学校家长，因不满孩子被轮换座位，而掌掴怀孕女老师。

我说的是轮换座位，不是部队换防、戍守边关。

中国人一直讲滴水之恩当涌泉相报。这倒好，学生对恩师却是“勇拳相报”了。

而被轮换座位的学生的家长，竟对怀孕女老师嘴巴子伺候！倘若让你孩子为保卫祖国而战，你还要搬石头砸天不成？

还听说。

医生被患者打，城管被小贩打……

这些中国人怎么了？

患者为什么打医生，小贩为什么打城管，学生和家长为什么打老师？

不知道。不必知道。

你说你家孩子骂街、打架、吸烟、喝酒、谄媚、逢迎、行贿、受贿，于是你就制止他骂街、打架、吸烟、喝酒、谄媚、逢迎、行贿、受贿，但他偏要骂街、打架、吸烟、喝酒、谄媚、逢迎、行贿、受贿。

悔之晚矣。

才发现，是自己忙于赚钱、当官、出名，或一直只注重孩子的学习成绩，而忽视了、纵容了孩子骂街、打架、吸烟、喝酒、谄媚、逢迎、行贿、受贿。

痛定思痛。

老师、学生、家长、医生、患者、城管和小贩，都是祖国的孩子。哪个孩子犯错误、挨打，娘不心疼？

那些愤怒、自私、狭隘、贪欲的毛病，就如同那些中国人感冒了。

感冒会引起头昏眼花。咋办呢？

多喝白开水，但不能饮鸩止渴；换气通风，但不能引进邪气歪风，而是你我他的好家风。

神清气爽，才可以天清气朗。家风好，家才好，家人才好，家长才好，老师才好，医生才好，患者才好，城管才好，小贩才好，社会才好，中国才好。中国一好，一切都好。

社会上的一些怪象、乱象、恶象，是一口大锅里沸腾的水。沸反盈天，甚是凶险。加冷水，吹冷风，放冷气，都没用。突然，有个人把锅底的柴抽出来。咦，水平静了。

扬汤止沸，不如釜底抽薪。

让每个家庭都好，是对邪恶、愚昧、放纵、贪婪、背叛和暴力的根治。

根治当然需要医生。“上医治国，中医治人，下医治病。”国，人，病，一块儿治。

怎么治？“是故圣人不治已病治未病，不治已乱治未乱。”

有人得了胃病。高明中医不去治胃，而是调肝。因肝气横逆犯胃，肝胃不和。疏肝理气以和胃，治其实以补其虚。

胃已病，肝未病，是故“不治已病治未病”。社会有点乱，我们来治家，是谓“不治已乱治未乱”。

中国孩子，乃中国之本。切勿本末倒置，薄重厚轻。请以修德、齐家为始。在家中有位，于国中有为。

咱们一起。

有钱出钱，没钱喝彩。有力出力，没力点赞。

再过几十年才死。死之前，留些精彩。死之后，留些怀念。

我是拼了。

目录

001 无字家训 / 孙云晓

008 抬木号子 / 王嘉龙

014 举手投足之间 / 王玉梅

020 家风无痕 / 李蔚兰

026 耳濡目染 / 水荻

032 被母亲收藏瓷片 / 诚学

037 家风是家庭幸福的晴雨表 / 杨晓升

043 谦让，让我一生风平浪静 / 张秋铧

048 家教是人生大厦的基石 / 林清平

053 个人的主张 / 冯秋子

059 新时代如何重树家风 / 郭文斌

066 读书亦如生活 / 龙仁青

072 最是家风塑灵魂 / 李新文

078 一块牌匾的传承 / 李婍

084 苛责爹妈可休矣 / 王秀云

091 父亲的拳头 / 魏永贵

097 家风漫说 / 李浩

105 读书唯高家风继 / 李子胜

112 我姥姥是小脚老太太 / 胡月

117 人生就像一碗面 / 周子昔

123 孩子，有些东西不属于你 / 周海亮

128 传承 / 韩丽敏

133 一双旧鞋子 / 李金荣

138 珍贵的瓷器 / 迟静辉

144 耕读岁月长 / 周淑艳

150 我是张扒皮 / 张建云

156 阅读的魔力 / 孙瑜

163 爷爷的“礼物” / 纪红建

169 共同呵护着那一盏古老的灯 / 包苞

174 几十枚脏兮兮的土鸡蛋 / 李桂杰

181 惜福的人有福气 / 顾晓蕊

187 尊重内心 / 梅驿

192 师如父，乃家风 / 孙阳

198 父之遗风，我之家风 / 宋小词

203 身教，润物细无声 / 颜小烟

208 家风，传递爱 / 刘汉斌

215 书香润泽的小草 / 马金莲

无字家训

孙云晓

1960 年，那是一个饥饿的年份。

一天夜里，一个 5 岁的男孩饿醒了。他一骨碌爬起来，匆匆走进厨房，在高粱秸编成的笸箩里找吃的。忽然，一个仿佛散发着香味的白面馒头出现在他眼前。对于这个玉米面窝头和红薯也吃不饱的孩子来说，白面馒头充满了诱惑。他眼睛一亮，一把抓过来，飞快地咬了一口。但是，也就是不知不觉地咬了一口之后，他把馒头慢慢地放下了，因为他想起来了，这个白面馒头是留给妹妹吃的。妹妹只有一岁多，她吃不下玉米面窝头，全家仅有的几个白面馒头是留给她吃的。

那个男孩就是我。

这个故事的细节是 87 岁的老父亲讲给我听的，他说他亲眼看见了我拿起馒头又放下，最后拿走一个窝头。我对此毫无记忆，但我可以肯定，5 岁的我尚没有什么舍己为人的高尚品质，只是心疼妹妹。她那么小，经常哭，可能也是饿的吧？我是哥哥，应该照顾妹妹。

我的家乡在山东青岛，高山大海虽然美丽，但改变不了人们艰苦的生活。在那些困难的日子里，家里喝的粥很稀很稀，米粒清晰可数。我最难忘的记忆是，5 岁的我和 9 岁的哥哥不管谁去盛粥，都会先盛出一碗米最多的，放在锅台上，那是留给母亲吃的。自从生下妹妹之后，母亲一直在生病，非常需要营养，我和哥哥都懂得要孝敬母亲和照顾妹妹。可是，疾病和饥饿中的母亲最终还是离开了我们，年仅 29 岁！

几年后，继母来了，带着她的缝纫机，夜以继日地为全家人做衣服，也为左右邻居们做衣服。从那个时候开始，我最熟悉的声音就是咔嗒咔嗒的缝纫机响。或许是因为继母给了太多人家切实的帮助，或许是因为继母总是微笑着细声细语，我们家在那片工人宿舍里颇有人缘，使我们在饥饿的年代里也能感受到人性的温暖。

父母总是要求我们善待每一位亲戚朋友，包括左邻右舍。比如，每年春节，初一的上午，我和哥哥必定要去五个表哥表姐和邻居家及同学家拜年，即使我在外地一般也要赶回来拜年，中午给父亲祝寿，父亲的生日恰好是大年初一。掐指算来，大拜年竟然坚持了半个多世纪！

日子就这样一天天过去，转眼我都到了退休的年龄。我 23 岁时也就是 1978 年，因为工作原因被调入北京，做少年儿童教育和研究工作 37 年之久。可是，我的心从来没有离开过家乡和家庭，更没有离开过父母。去年即 2014 年 8 月，我特意赶回青岛，为老母亲举办 90 岁生日寿宴，全家四代 36 人出席。老母亲以五十多年的日夜操劳证明，继母也有真情和大爱。当全家人在草坪上合影的时候，我看见老父母露出特别慈爱的微笑，也发现家里每一个人都充满了感动。

如今，九旬老父母虽然体弱多病，但依然相伴相守。直到今天，老母亲还能每天四次给老父亲打胰岛素针，为他配各种各样的药。哥哥率领全家照顾父母，每次父母生病，都是他和女儿女婿跑前跑后。妹妹退休了，几乎天天回家照顾父母，更是无微不至的体贴。说来倍感惭愧，远离家乡，我照顾父母最少，只能多在经济方面支持。最感欣慰的是，我曾经陪着七旬父母去杭州、千岛湖、溪口、苏州和上海旅行，只可惜再也没有这样的机会了。

许多熟悉我们家的人都感慨，这是一个有着良好家风的家庭。的确，孝敬父母、兄弟姐妹和睦、勤俭持家、友善对人，就是我们的家风。我在四十余年的职业生涯中，朋友众多，左右逢源，极少结怨或树敌，或许都受益于与人为善的宽厚家风。

老父母都是工人，没上过几天学，文化水平低，但老父亲批评某个人不够文明的口头语是："他们那个地方圣人没到。"言外之意是说，我们山东是孔孟之乡，自然应该讲文明。在我20多岁刚开始在政府机关工作时，父亲提醒说："牛马架子大有用，人架子大没用。"母亲对孩子从不打骂，总是耐心讲道理，令人心服口服。母亲勤劳而心灵手巧，一些裁剪衣服剩下的边角料，都被她编织成五彩斑斓的枕巾或套袖。一些废旧的报刊、广告纸，也被她折叠成一个个纸盒，成为我们家聚餐时常用的垃圾盒。

我想，《颜氏家训》《钱氏家训》，都是名门大户人家留下的治家格言，是中华民族有文字记载的珍贵财富。我们家没有写下来的家训，却有让人终身受益的淳朴家风。实际上，在社会生活的底层，普通百姓家口口相传的无字家训，更能够塑造千家万户的家风，激励一代代的子孙走向社会、走向未来。

师生讨论

1. 在饥饿的年代，一个 5 岁的小男孩被饿醒，看到“一个仿佛散发着香味的白面馒头”出现在眼前，他在“眼睛一亮，一把抓过来，飞快地咬了一口”之后，又把馒头慢慢地放下了，是什么力量让他这么做的？

2. 5 岁的我和 9 岁的哥哥不管谁去盛粥，都会先盛出一碗米最多的，放在锅台上，那是留给母亲吃的。

作为儿女，我们能否也为爸妈盛一碗饭、端一碗粥，或把手里的汉堡、巧克力、冰激凌送到他们嘴边？

家长采撷

1. 作者的父母要求孩子们善待每一位亲戚朋友，包括左邻右舍，或许这也是众多父母的心愿。但我们做得如何？在城市，我们大多住在居民楼里，但在一栋楼里住了很久，左邻右舍都认识了吗？即便生活在农村，我们是否也因为忙碌，而忽视了与邻居和亲戚的往来？

2. 母亲对孩子从不打骂，总是耐心讲道理，令人心服口服。

家长的言传身教胜过让孩子上所有高级培训班，您让孩子心服口服了吗？

学生体悟

或许是因为继母给了太多人家切实的帮助，或许是因为继母总是微笑着细声细语，我们家在那片工人宿舍里颇有人缘，使我们在饥饿的年代里也能感受到人性的温暖。

从作者母亲的身上我们感受到，自己真心助人，不计得失，自然就有人对我们好，帮我们成长，即便在艰难和困苦中，我们也能“如沐春风”。请参照《弟子规》中“凡取与，贵分晓；与宜多，取宜少”的教导来打扮自己的生活吧！

走近作者

孙云晓，自1972年起从事青少年教育和研究至今。现为中国青少年研究中心家庭教育首席专家、研究员，中国教育学会家庭教育专业委员会常务副理事长，北京师范大学兼职教授。曾被国务院表彰为有突出贡献的教育科学研究专家。主要著作：《夏令营中的较量》《习惯决定孩子一生》《用心教养——孙云晓与中外心理学名家对话》《懂方法的父母成就孩子一生》《孙云晓教育作品集》等。其作品曾获中国图书奖、全国“五个一工程”优秀图书奖、全国优秀畅销书奖。

抬木号子

王嘉龙

我七八岁的时候，一个夏天天气不错的午后，母亲带着我们兄妹要穿过厂区去自留地里摘豆角。母亲前面走着，我们麻雀一样连蹦带跳地跟着，从高高的原木楞垛那一面传来的高亢的有节奏的呼喊声突然击中了我：“哈腰挂了呀嘛嗨呦，嗨呦，直起腰了呀嘛嗨呦，嗨呦，迈步走了呀嘛嗨呦，嗨呦……”循着铿锵有力的呼喊声，我们转过原木楞垛，就看见了几个人并行成两列抬着一根又粗又长的大木头往火车上走，他们的脚下踩着的是悬空的有些颤颤悠悠的跳板。在抬木头人的行列里，我的父亲并不显眼，可我还是轻易地就认出了他：“爸——”，第二个字被母亲一把捂回我的喉管。母亲说：“可不能瞎喊，别把他们的脚步弄乱了！”我屏住了呼吸，心却提到了嗓子眼。“顺直了呀嘛嗨呦，嗨呦，轻轻放了呀嘛嗨呦，嗨呦。”随着最后一句呼喊，粗大的原木滚到了车厢的木垛上。

晚饭的时候，我对父亲说：“爸，我见你抬木头了，咋还一边抬一边喊呢？”父亲说：“那叫抬木号子，为让抬木头的人脚步一致，用力一致。”我笑说：“那号子真好听，像唱歌似的。”父亲拿起烀土豆用劲儿咬了一口，没有笑。

随着我渐渐长大，我越来越多地知道了那铿锵有力的抬木号子和我的父亲乃至我的家庭是一种怎样的关系。

父亲的职业叫原木装卸工，属于重体力工种。每当看到父亲下班回来疲惫不堪的样子，我就纳闷三百六十行父亲怎么就干了最苦最累的这一行呢？

父亲二十岁从老家来到哈尔滨，学的是水暖修理。水暖工有一定的技术含量，体力支出又不是很大，绝对是一份不错的工作，可那份收入养活不了老人和妻儿，为了全家人那些张大的嘴，他奔向了莽莽苍苍的林区。从此，那副挂着掐钩的抬杠就重重地压在了他的肩上，抬木号子就喊在了他的嘴上……

因为是重体力劳动，父亲的工友们差不多人人回到家里都吃小灶：在全家人的大锅饭之外要单独吃一点馒头、烙饼和有点荤腥的菜。我那时年纪小好串门，经常看见父亲的工友们吃小灶喝烧酒时的那种小享受，也常看见我的小伙伴们在灶台边偷偷地捏一点夹一口的那种小满足。

可是，我的父亲却坚决反对吃小灶。有时，母亲即或是单独做了一点另样的饭菜，父亲也要分给我们吃。他说："孩子们吃窝头大饼子，我咽不下那口馒头烙饼。"20 世纪的六七十年代，家家户户都要以土豆补充粮食的不足。父亲在每顿饭时都是先蘸着黄豆酱吃上一盘子土豆，而后再吃一点玉米面饼子或窝头，这一顿饭就算饱了。不过，父亲从来没说过"吃饱了"这句话，每当他放下筷子离开饭桌的时候，他都会说"算了，算了"。

父亲的工友们还有一个习惯，就是在他们喊了一个月的抬木号子领了工资后，第一时间就扎进街里的小馆子，要上两个小菜，喝上几两烧酒，吃点儿水饺或馅饼。当他们从馆子里出来打着饱嗝往家走的时候，肚子里的油水酒水映在脸上，红堂堂的。而我的父亲和不吃小灶一样，是从来不下馆子的，他每次都是买上二斤肉拎回家里，笑盈盈地瞅着我母亲，说："发工资了，炖点肉吧。"于是，这顿晚饭的熬白菜里油大了肉多了，大人孩子笑声朗朗。

工余时间父母还带着我们早出晚归地到郊外一锹一镐地开垦了两块荒地，种些土豆白菜以补充钱粮的不足。父亲一锹一镐仔细开垦一块一块荒地，几粒种子、一脚土地认真播种，全然没有了呼喊抬木号子时的血性、豪迈，只有农民惯有的精细与算计。

因为常年超强体力地劳作，严重的冠心病很快就找上了才五十多岁的父亲，不再离开。可是他既怕牵扯儿女的精力又怕到医院里花钱，就一直悄悄地自己扛着，及至突发心肌梗死不治而逝，那是 1997 年农历八月十四日的傍晚。从此，我们家就再也没有了中秋的团圆……但父亲结实的肩头始终有一轮明月，那是唱着抬木号子的男人，用那种调子告诉我，男人要有责任，有担当！

师生讨论

1. 我笑说：“那号子真好听，像唱歌似的。”父亲拿起烀土豆用劲儿咬了一口，没有笑。

父亲为什么没有笑呢？

2. 从事重体力劳动的父亲，急需补充营养与热量，可有时，母亲即或是单独为父亲做了一点另样的饭菜，父亲也要分给我们吃。他说：“孩子们吃窝头大饼子，我咽不下那口馒头烙饼。”

父亲为什么这么说？

家长采撷

而我的父亲和不吃小灶一样，是从来不下馆子的，他每次都是买上二斤肉拎回家里，笑盈盈地瞅着我母亲，说：“发工资了，炖点肉吧。”于是，这顿晚饭的熬白菜里油大了肉多了，大人孩子笑声朗朗。

当今时代，我们不会再为“二斤肉”和“一口吃”担忧，但作者父亲对家庭承担的责任，远远超过了这些。作为家长，我们能否也像作者父亲一样，把快乐带回家，把责任挑在肩？

学生体悟

因为常年超强体力地劳作，严重的冠心病很快就找上了才五十多岁的父亲，不再离开。可是他既怕牵扯儿女的精力又怕到医院里花钱，就一直悄悄地自己扛着，及至突发心肌梗死不治而逝……

在物质短缺的时代，为了照顾家里的老幼，父母似乎只能节衣缩食，有病就扛着，甚至把小病拖成大病，将大病拖到送命。生活在新时代的我们是幸福的，然而你了解父母身上有何疾病吗？请阅读理解《论语·为政》中的话："孟武伯问孝。子曰：'父母唯其疾之忧。'"

走近作者

王嘉龙，男，散文家，现为武警指挥学院干部。作品散见于《人民日报》《人民政协报》《文艺报》《解放军报》以及《生态文化》《橄榄绿》等报刊。其作品《在林海深处，我品咂着美》获人民日报文艺创作二等奖，《老队长纪事》获"绿我中华"全国征文大赛一等奖，《感悟西藏》《缘由》分别入选全国首届、第二届"十大生态美文"。

举手投足之间

王玉梅

在文化单位工作，接触人多，官员、百姓，老叟、孩童，五行八作。

也是俗人。常以举手投足判定人品，决定与之或远或近。

那年，接触一工商联人士，身不魁伟，貌不惊人，却让我肃然起敬，至今仰慕。在办公室与他见面，他会侧身让座，轻声寒暄。然后双手递茶，垂首侧立片刻，再回到自己的办公桌前谈工作。送客时，执意请女士先行，待客人走出老远才转身离开。这样彬彬有礼偶尔一次也许谁都可以做到，但多次接触，看他对谁都是如此，就不禁刮目相看了。身处喧闹世界，却有返古之举，令我心中不免疑惑。探听家世，才知他乃大户人家后裔，家规祖训，从小耳濡目染，修成可敬之人。

后来，常以此君子为镜，看到自己诸多瑕疵，也尽力效仿，但只学了皮毛，六根不净，自感相差甚远。

我家不是大户，姥爷却是十里八村德高望重的中医。母亲常说，姥爷叮嘱家人，病人家属夜里叩门，我们不能假装听不见，无论多冷的天，一旦有人敲门，姥爷也要立马起来，披上衣服套车就走。所以，母亲也常如姥爷，处处以实例教导规范我们兄弟姐妹的言行。她常挂在嘴边的是：别折腰懒胯的，站有站相坐有坐相。吃饭别吧唧嘴，让人笑话。客人要走了，快说再见。盛饭去！刷碗去！叠被去！洗脚去！

现在想来，这些唠叨，起初虽让孩子厌烦，可一旦习惯成自然，君子淑女便磕碰着茁壮成长。

30 年来我一直在业余时间给孩子们做演讲与口才的培训，觉得孩子们的品行真是一拨不如一拨。有些孩子的无礼简直让人惊愕。一日，一位奶奶带着孙子前来报名，老师照例询问奶奶孩子的一些基本情况，孩子不知哪一句话不爱听了，上去就给了奶奶两个嘴巴。老师和现场的学生们见状都惊呆了。更不可思议的是，那位奶奶竟然还望着孙子呵呵笑。我立即批评了那位奶奶，并让孩子给奶奶道歉。可奶奶却不以为然，觉得老师小题大做。那个学生最后我以年龄太小为由没有收下，实在是怕他给我惹了大祸。

后来，我有意识地在课堂上给孩子们增加了文明礼仪的训练，效果蛮好，以至许多家长因此让孩子来我这里投奔师门。

记得和母亲亲昵时，常听她讲那过去的事情：你小时候啊，可拧啦，主意疙瘩。上街遇见喜欢的东西，也不说买，就是看着那东西蹲下不走。你爸怕你闹就想给你买，我说不能惯着。我的办法是拽着你爸扭头就走，任你蹲着。我们拐弯儿你看不见了，害怕了，也就自己站起来追我们了。

母亲的故事我记下了，又用这药方治了女儿。女儿聪慧好学，7 岁就被选到天津参加各种演讲比赛。我们从汉沽坐火车到天津东站下，再坐汽车到市少年宫有好几站地。她晕车厉害，在车上就吐了，下车后小脸儿蜡黄，抱着路边大树呕吐不止，确实影响了比赛。第二次，她坚决不坐车了，蹲在地上不上车，非要走到少年宫。天哪！这一蹲，咋这么像我呢？我立即答应了她的要求。承诺这次来不及了，下次一定陪她走。她依然是吐得稀里哗啦。下一次，我们真的没坐车，步行前往。我们把进津的时间提前了两个小时。看着女儿红扑扑的脸蛋儿、急如风的脚步，我也心痛，毕竟她还小啊。走了一个多小时，终于走到了，她很有成就感。可我对她说：这几里地你可以走，但要是去北京比赛，你也走吗？去美国比赛，你也走吗？即使可以走，那要浪费多少时间哪！你长大了，不但要坐汽车，还要坐轮船、坐飞机。治晕车最好的办法就是多坐车，坐习惯了就肯定不晕了。

如今，闺女去过的地方比她妈多，各种交通工具都坐过。

哦，成长原来是从蹲着开始……

家庭的风气里，弥漫的是家长的味道。男士的高贵、女士的优雅，都得亲人点睛。

最近一位学生家长在朋友圈里发了一段她 12 岁的女儿双膝跪地擦地板的小视频，只有两分钟，我看了很多遍。她的女儿品学兼优，是学校少先队的大队长。她的妈妈温文尔雅，颇有才华。孩子的一跪，炫了朋友圈的人生百味。

俯身、躬身、侧身、平身，以弱示人，才会有高度！

谁说举手投足之间，不是在讲述家风的故事呢？

师生讨论

1. 为什么作者接触的那位工商联人士，“身不魁伟，貌不惊人”，却让她“肃然起敬，至今仰慕”？

2. 一日，一位奶奶带着孙子前来报名，老师照例询问奶奶孩子的一些基本情况，孩子不知哪一句话不爱听了，上去就给了奶奶两个嘴巴。

为什么会有如此霸道的孙子和软弱的奶奶？

家长采撷

作者从小没有得到母亲的娇惯，待自己为人母后也没有娇惯自己的女儿。您会像作者一样，适当的时候对孩子说“不”吗？

学生体悟

俯身、躬身、侧身、平身，以弱示人，才会有高度！

俯身，是礼仪；躬身，是担当；侧身，是谦让；平身，是尊严；以弱示人，叫“上善若水”。

上善若水，是最高境界的善行，就像水的品性一样，泽润万物而不争名利。避高趋下是一种谦逊，奔流到海是一种追求，刚柔相济是一种能力，海纳百川是一种气度，滴水穿石是一种毅力，洗涤污秽是一种奉献。请试着理解《道德经》第八章：“上善若水。水善利万物而不争，处众人之所恶，故几于道。”

走近作者

王玉梅，中国作家协会会员、中国民间文艺家协会会员、中国散文学会会员、中国群众文化学会会员。天津市作家协会第四届委员会委员。文化馆研究员。著有诗集《女人·那一片海》，作品集《那一片海·女人》。有小说、散文、诗歌、小品、论文、演讲等获国家级和省、市级奖百余项。

家风无痕

李蔚兰

一次，和朋友在一起讨论家风、家训、家教的话题，有人问我的家风是什么，我竟一时语塞。今日提笔，想着自己的成长经历，突然就想说，家风是母亲留给我的背影，它在潜移默化中影响孩子的心灵，塑造孩子的人格。

实际上，家风、家训、家教在我家可谓异曲同工，由一件件小事组成，像碎片一样，再连缀起来，如同关不住的水龙头，滴滴答答渗透在每一段不经意的日子中。

我小学入学那年，母亲正担任乡村小学教师。她教数学、语文，还兼班主任。记忆中，她是一个令全班学生都感念在心的老师。母亲的学生在她的课上总是服服帖帖，课下就如同她膝下的一群孩子，我家那间老屋就成了他们的乐园。全班二十几名学生，曾无数次地在我家院子里的老槐树下团团围坐，听母亲讲课。曾有几回下大雨，学生们就在我家里吃饭睡觉不回自己家了。他们纷纷争着与母亲挨着睡，矮小幽暗的土屋里顿感挤挤插插。

这时，我便对她的学生们心怀嫉妒。作为女儿，我与母亲挨着睡的时候也极为稀少，偶尔有一次，我便会浑身紧张，拘束到睡不着觉。奇怪的是，与母亲之间肢体的交流越是匮乏，精神的认同便越是急切。坦白地说，我的全部童年时代是为母亲活着的，我是那么迫切地想要得到老师妈妈的注意、夸奖和格外的对待。

然而，老师妈妈并没有重视我，我也很少得到她的赏识。我一直渴望老师妈妈能看到我的突出之处，给我一个出人头地、全班第一的位置，使我能够集赞扬、欣赏、宠爱于一身。但是我始终没有得到这样的机会和荣誉，从来没有。我从来都是既被表扬又被放平，既被重视又被融入。我始终感到，自己只是班上的一分子，有像我这样优点的同学一大串，我们都在一个队列中并肩前进着。我甚至感觉从老师妈妈那里得到的生活上的呵护还不如其他学生。

那年秋天的一个午后，我一人在家，忽然院门被打开，母亲背着一个人回家了。那是班里一名淘气的男生，他因为爬树摘果子，不小心从树上摔下来，手腕脱臼，脚也扭伤了。母亲小心翼翼地帮他清洗伤口，在阳光的照射下，我能清楚地看见母亲脸颊上细密的汗珠。整个过程我就站在一旁傻傻地看着，直到母亲替他包扎好。而我呢，比如那次劳动课上我不小心弄破了手指，却要装作若无其事的样子，生怕母亲说我太娇气。即使这样，我那时仍然固执地认为是自己什么地方做得不够好而使母亲对我不满意。我便努力做家务，努力考一个漂亮的分数，做饭、洗衣服时，嘴里叨念的不是唐诗宋词就是数学公式，都是为了一个简单的目的——让母亲重视。我却始终没有从母亲嘴里听到一句“你是最好的”“你比别人做得好”之类的溢美之言。偶尔的一次便使我铭心刻骨，还是我自己偷听到的。那是在我上小学三年级时，母亲打开我的作文本，对父亲说：“女儿比我毕业班的学生写得好。”

或许因了母亲的那句称赞，我如今干起了作家的行当。

眼看小学毕业了，我和班上一名学生在“三好学生”评比中得了同样的票数，可捧回大红奖状的却不是我。不用问，是母亲把我“除名”了。这一次，我的泪在心中决堤了，我狠狠地瞪了母亲一眼，回到家直接把自己关进了小屋，决定绝食一天。母亲敲开门，并没有进入我的房间，房门只闪出一条缝，我见母亲背对着门，那微微颤动的肩膀，在夏日的树荫里定格成一幅画。母亲什么话也没说就匆匆离开了。两分钟的背影，注进了一辈子的往事。后来还是父亲告诉我，说母亲为了我的事流泪了。我知道，母亲是重视我的，而当母亲向我显示她的重视的时候，不是用语言，而是用留给我的一个长长的背影。

天下的母亲各不相同。毫无疑问，我的母亲是成功的。她用她独特的育人方式在她和子女之间制造了一段距离，我们若想跨越这段距离，就必须永不满足，拼命地奔跑，拼命地努力向前。

这样的不满足一直伴我成长，但也一直保护

着我，它使我能够融入后来的大千世界、滚滚潮流，而没有过早地独秀于林，走上早凋之路。直到我长大成人，步入复杂的人际社会，才知晓母亲的良苦用心。

润物细无声，家风也无痕。最好的教育是让孩子感觉不到“这是教育”，却时刻明白自己的责任和使命，懂得敬畏，懂得成功在于不停地努力。

师生讨论

1. 有人问我的家风是什么，我竟一时语塞。

作者为什么语塞?

2. 直到我长大成人，步入复杂的人际社会，才知晓母亲的良苦用心。

母亲的“良苦用心”到底是什么?

家长采撷

老师母亲以“润物细无声”的教育，让孩子在生活中“没有过早地独秀于林，走上早凋之路”，作者直到“长大成人，步入复杂的人际社会，才知晓母亲的良苦用心”。作为父母，您会希望自己的孩子做一个平凡人吗？您会像作者的母亲一样，为孩子布局平凡却丰盛的一生吗？

学生体悟

学生在学习过程中、每个人在成长过程中都“必须永不满足，拼命地奔跑，拼命地努力向前”。

请阅读理解《孟子·尽心上》中的：“孟子曰：有为者辟若掘井，掘井九轫而不及泉，犹为弃井也。”体悟努力与放弃带来的不同的结果。

走近作者

李蔚兰，笔名木子。中国作家协会会员，天津作家协会全委会委员，天津民间文艺家协会理事。作品散见于《天津日报》《今晚报》《中国文化报》《天津文学》《散文》《读者》等报刊，出版有《牵住生命的太阳》《寂寞烟花》《艺苑探幽》等文集。

耳濡目染

水荻

狂风暴雨中，我看到父亲宽大的脊背，他朝房顶上的大哥喊：快，把绳子扔下来。又粗又湿的绳子压着巨大的塑料布滑下来。父亲接过绳子，弯下腰，一个木橛被他深深地钉进地里，他手握绷直的绳子，望着屋顶，再喊……等父亲半身泥水半身汗水地走进土屋，屋里不再漏雨。这一幕永久伫立于我童年的旷野。

我远远地看见过，沿着北运河堤岸拉纤绳的父亲；在街道胡同里，我撞到过挑着商担吆喝的父亲；在麦田菜地里玩耍时，我不解地想，为什么低头劳作的父亲会流那么多汗；我也曾经在为挖河修渠、担石块的父亲送午饭时流过泪，因为那时我已经懂事了。直到老年，父亲的背仍然很直，很硬，很宽，生活的艰辛从没有压弯他的刚毅。

父亲的正直刚毅深深地影响了我的性格乃至命运。

母亲呢，早上，她把要换洗的衣服放在父亲枕边；黄昏，只要看见父亲走进家门，她就会端上一盆温水，递上毛巾，等父亲擦洗完毕，一杯飘着茉莉花香的清茶早已摆放在桌上。父亲的座位永远在八仙桌旁一个固定的位置。我们呢，吃饭时和母亲围坐在地上的小饭桌旁，只有家里来了客人，大哥才被允许坐在八仙桌下手的位置，照顾客人。有时，晚饭，父亲的碗里会多一个鸡蛋，而那个鸡蛋，总被父亲留到最后。父亲弯腰把他碗里的鸡蛋原封不动地递给我们的时候，母亲总会嗔怪：你吃呗，你多累啊，他们干什么重活儿了？父亲回答：孩子们正长身体呢。那个鸡蛋会在我们嘴里咂上好半天，好半天。

母亲操持家务，打理一家人的生活起居，我都没见她休息过。我见过母亲搭建鸡窝，和泥，垒碎砖，不比父亲和大哥盖的房子差；我见过母亲在冬日的黎明，怀里抱着柴火，后伸崴了的脚，单腿跳着，跳到锅灶前，为一家人准备早饭；我见过母亲端着一碗当时我们很少吃到的白米饭，悄悄送到那个瞎眼的街坊奶奶手里，还小声告诉她：趁热快吃；我见过母亲在我一觉醒来，还凑在昏黄的灯前吃力地缝补……啊，智慧、勤劳、温存、善良，世上所有美好的词汇都应属于母亲。

母亲的勤劳善良成为我持家待人的模本。

家里有了什么新鲜蔬菜或者收了稻子麦子，父亲会叫过来大哥：把这些给你韩家墅二姨送去。而母亲也会在某个傍晚对我说：把这碗饺子给你大爷大娘送去。母亲和大娘，妯娌如姐妹。大娘晚年瘫痪，每年三十晚上，母亲都会让我和姐姐去给大娘家包饺子，陪他们吃年夜饭。嫁入夫家，我能和妯娌叔侄相处融洽，懂得凡事为对方着想，换位思考，吃亏是福，都应得益于父母。

小时候，我总嫌父母唠叨。光是吃饭就有不少规矩。什么吃菜不能“过河”，要吃自己眼前的，不能只拣爱吃的吃。筷子不能乱翻。吃饭时不许说话。不许用筷子敲盆打碗。不许吧嗒嘴。不许用勺刮盆儿。等等。回首往昔，怎么能说这些“老例儿”，与我日后成为一个严谨认真、守规矩懂秩序的人没有关系呢？

父亲的刚毅正直仿佛天空，母亲的善良勤劳犹如大地，长在其中，身正根深，而有一天，我们自己成为天空和大地的时候，回溯过往，才懂得家风的可贵、家规的重要。

说不清从什么时候开始，大哥替代了父亲的位置，我们弟妹对他敬爱有加，各个小家庭宛如一个从未分开的大家庭。说不清我为什么那么爱吃鸡蛋。说不清我为什么那么心甘情愿地为先生打理一年四季的衣服。说不清我为什么关键时刻总是“心太软”。说不清为什么面对困难，我总是咬紧牙关，一声不吭。除了耳濡目染，除了父母言传身教的良好家风，不知还能用什么来解释。

看到周围有的人家为拆迁分家产而将风烛残年的老人撂在一边，兄弟姐妹对簿公堂，我才理解当初母亲说的：我一分钱也不留给你们，省得你们将来谁也不认谁。

当我走在奔波沧桑的中年的路上，满怀清明的酸楚，遥望湛蓝的天空寻找父母的身影时，才明白，良好的家风有多么重要。父亲母亲，这么多年，你们在另一个世界，还好吗？

师生讨论

1. 作者的父亲干了那么多苦活、累活、重活，为什么“直到老年，父亲的背仍然很直，很硬，很宽”？作者说，“生活的艰辛从没有压弯他的刚毅”，说明了什么？

2. 有时，晚饭，父亲的碗里会多一个鸡蛋，而那个鸡蛋，总被父亲留到最后。父亲弯腰把他碗里的鸡蛋原封不动地递给我们的时候，母亲总会嗔怪：你吃呗，你多累啊，他们干什么重活儿了？

作者用了“弯腰”和“原封不动”两个词，作为女儿，她想表达什么，想向父亲诉说什么？

家长采撷

1. 在那个缺衣少吃的时代，“母亲端着一碗当时我们很少吃到的白米饭，悄悄送到那个瞎眼的街坊奶奶手里，还小声告诉她：趁热快吃”。

我们能否与邻居有这样的默契与关怀？

2. 作者成长在“有规矩”的家庭，比如“吃菜不能‘过河’，要吃自己眼前的，不能只拣爱吃的吃。筷子不能乱翻。吃饭时不许说话。不许用筷子敲盆打碗。不许吧嗒嘴。不许用勺刮盆儿。等等”。这些“老例儿”，您的家里有吗？

有的家长在家里一边看电视一边吃饭，一边玩手机一边吃饭，一边批评孩子一边吃饭，而且吃饭时不等一家人坐齐，便各吃各的。这些“新例儿”，您的家里有吗？

学生体悟

说不清我为什么那么爱吃鸡蛋。说不清我为什么那么心甘情愿地为先生打理一年四季的衣服。说不清我为什么关键时刻总是“心太软”。说不清为什么面对困难，我总是咬紧牙关，一声不吭。

我们来替作者找一找答案吧，她到底是为什么呢？

请结合实际生活，理解唐代文学家韩愈的这句话：“目濡耳染，不学以能。”

走近作者

水荻，女，原名赵文秀，1963年11月生于天津。中国作家协会会员，国家二级作家，天津市作家协会第四届委员会委员，天津作协文学院第五届合同制作家。现为天津市北辰区文联主席、作协主席，《北斗星》杂志主编。出版散文集、小说集四部，主笔长篇人物传记《邢燕子》。发表中短篇小说、散文等三百余篇、一百余万字。近二十篇中短篇小说、散文及两部散文集获全国省、市级奖项，十多篇散文被收入各种文集和全国部分省、市高中语文阅读教材。

被母亲收藏瓷片

诚学

儿时怕打碗，准确地说，是怕打碎碗后母亲毫不留情地揍。

其实，母亲平时不凶，但一种情况下除外，就是每逢我手中的碗不小心“哐啷”掉地，破碎声未尽时，母亲的巴掌就条件反射般裹挟风声骤然而至，常常打得我晕头转向，待我回过神来，耳边则是母亲声嘶力竭的怒吼。我眼中泪水泫然，又硬生生憋回去，唯恐再次挨揍。更不敢抬头，害怕面对她那张因愤怒而略显变形的脸。

偏偏我不长记性，同样错误一犯再犯，脸部和后脑勺也因此不经意就会成为母亲巴掌光顾的地方。被母亲声色俱厉地教训次数多了以后，一种不满的情愫在我心里与日俱增，终于在又一次打碗闯祸后，井喷一样爆发。直接导致的结果是，我决定离家出走，而且是去一个很远的地方，一个叫“东北，海伦”的父亲劳改的农场所在地。

那是一个宿鸟归飞的黄昏，我满面泪痕走出家门。我不知道东北在哪，只是想当然地觉得，太阳落下去的地方就是远方，只要自己往西一直走下去，就一定会见到父亲。天黑后害怕，我一路哭一路走。待我被一位夜行的好心老伯送回家时，已是午夜一点多。母亲显然吓得不轻，直到我回家后好一会儿，她煞白的脸上才稍稍有了一些血色。

那年我八岁。八岁的我通过离家出走这样的抗争方式，终于迫使母亲妥协。自那以后，我再也没有因为打碗而受皮肉之苦，但在很长一段时间内，我却对母亲一直耿耿于怀，甚至动不动就对她粗声大气地说话。

二十年光阴一晃而过。那年春节，我和母亲一起收拾房间时，从那张色调黯淡的老式灯柜里，翻出一个塑料袋，从里面传出“哐啷”之声的，竟是一只只瓷片，碗的瓷片。我惊愕地愣怔良久，直到母亲拿起那些瓷片，如数家珍地一一道出每只瓷片是我什么时候什么情况下打碎的，陈年往事仿佛铺展在眼前。我惊讶于母亲的记忆力，更被母亲掺杂着幽幽叹息的话语所震撼。母亲那天面对形状大小各异的瓷片告诉我，当年因打碗而揍我，固然是因为家里贫穷，更因为她从小就被上辈人告知，小时候打碎一只碗，将来人生中就会多一道坎，而且这事不到一定的时候不能说破，否则对我更加不利。说这些的时候，母亲眼圈泛红，神情庄重，说谁不希望自己的子女将来过得平平安安，直到现在，一想到那时对你的凶和狠，我心里就特别难过。

母亲又说，好在，我也知道只要将你打碎的每只碗各取一只瓷片，从你十八岁成年时起收藏十年，就可以冲减一些晦气。如今已整整十年，我说破也无妨了。

母亲长长地叹了一口气，满脸的愧色里分明多了一层欣慰。我默然无语，内心却翻江倒海。原来，那段往事蕴藏着母亲如此隐秘而深情的心思。并不是所有的迷信活动都可以被谴责的，比如年逾花甲的母亲，忍受着被儿子误解的委屈，怀着一颗虔诚的心，为儿子悉心收藏瓷片！

当我郑重决定收藏那袋瓷片时，我知道，同时收藏的，还有足以温暖我一生的亲情和母亲忍着委屈的爱。

师生讨论

1. 不就是打碎了一只碗吗，为什么每次“母亲的巴掌就条件反射般裹挟风声骤然而至，常常打得我晕头转向”？

2. 文中描写作者被打后“眼中泪水泫然，又硬生生憋回去，唯恐再次挨揍。更不敢抬头，害怕面对她那张因愤怒而略显变形的脸”。假如我们被母亲这样看似无情地痛打，会有何反应？请联系《弟子规》中的“亲爱我，孝何难？亲恶我，孝方贤”理解这段话。

3. 你会用“离家出走”的方式对抗父母吗？若真出走，在当今社会会发生什么后果？

家长采撷

母亲被上辈人告知，小时候打碎一只碗，将来人生中就会多一道坎，而且这事不到一定的时候不能说破，否则对孩子更加不利。

每次孩子打碎碗，母亲忧心之下不得已“巴掌伺候”，又因为“迷信”而不能对孩子以实情相告，这显然是缺乏沟通。作为父母，您做到与孩子用心沟通了吗？

学生体悟

我默然无语，内心却翻江倒海。原来，那段往事蕴藏着母亲如此隐秘而深情的心思。并不是所有的迷信活动都可以被谴责的，比如年逾花甲的母亲，忍受着被儿子误解的委屈，怀着一颗虔诚的心，为儿子悉心收藏瓷片！

理解，是一种修为，一种教养。请换位思考，去理解父母、老师、同学和社会。请阅读《论语·学而》中的“子曰：‘不患人之不己知，患不知人也’”来加深理解。

走近作者

诚学，本名付成学，笔名傅诚学。天津作协会员，天津民间文学研究会理事，中国民主促进会成员，天津市河东区作协副主席兼秘书长，《直沽文化》执行主编。

家风是家庭幸福的晴雨表

杨晓升

托尔斯泰的《复活》中有一句经典名言：“幸福的家庭都是相似的，不幸的家庭各有各的不幸。”

为什么说幸福的家庭是相似的？又为什么说不幸的家庭各有各的不幸？

细究起来，除了人的机缘与命运差异，最重要的恐怕要从家风中寻找原因。

人诞生于家庭，成长于家庭。家庭是人生幸福之源，也是生命中遮风避雨的港湾。任何人的幸福，都不可能离开家庭的生息、呵护与滋养。但家庭的幸福，离不开良好的家风。家风是家庭之氧，一个家庭没有良好的家风，就是缺氧或重度污染。

雾霾笼罩、空气污浊甚至臭气熏天的家庭，有何幸福可言呢？

空气清新、和谐温馨的家庭，则会拥有同样的幸福。

乌烟瘴气、冰冷缺爱的家庭，因方式和程度的不同，自然各有各的不幸。

生长在教师之家，我自小就接受着良好家风的熏陶和父母的教诲：家和万事兴。但“和”的前提，在于家风，在于“大有大样，小有小相”，就是说大人凡事要以身作则，要吃苦在前，享受在后，否则就将是“大无好样，小无好相”，意即“上梁不正下梁歪”。父母是这样说的，也是这样做的。作为子女的我们，自然也禾苗逢春，日复一日、长年累月潜移默化地接受着这样的熏陶。可见父母的言传身教，对孩子品德的培养是多么重要。

很难想象，一个品行恶劣的父亲，如何能让耳濡目染其言行的子女不沾染恶习？也很难想象，一个粗俗不堪、出言不逊的母亲，如何能培养出知书达理的子女？同样，一个家庭中如果夫妻终日冷眼相待，抑或大吵大闹，孩子纯洁的心灵中如何能不留下抑郁的阴影？

曾经，我看到一些父母，贪图享乐，自私自利，动辄恶言相对，甚至大打出手。上行下效，他们的子女自然也自私自利，你争我夺，浑不讲理。更多的一些父母，平日里不思进取，无所事事，只知道怨天尤人，却要求自己的子女要出人头地、光宗耀祖，要求子女实现自己此生未曾实现的梦想。此种要求，虽然未尝不可，可若是当自己的孩子正学习时，做父母的却当着孩子的面，要么沉醉于打牌娱乐，大声喧哗；要么痴迷于电视节目，在孩子面前大呼小叫，全然不顾对孩子的负面影响，如此言传身教，他们的孩子怎么能心无旁骛专注于学习从而将来出人头地？

从小，父母也教导我们：要踏实劳动，要忠诚老实，要尊老爱幼，要谦恭礼让，要助人为乐，要乐观向上、积极进取。并用孔融让梨、悬梁刺股、铁杵磨针、龟兔赛跑等典故给我们兄弟姐妹讲故事、传道理，让我们从小就明白该怎么做人，该怎么立志，该怎么待人处事。与此同时，我们也通过读书，遨游于知识的海洋，逐渐知书达理。我们从李绅《悯农》的“锄禾日当午，汗滴禾下土。

谁知盘中餐，粒粒皆辛苦”中，体味到劳动的艰辛与不易；从《孟子·梁惠王上》的“老吾老以及人之老，幼吾幼以及人之幼”中，懂得如何尊老爱幼；从“忠厚持家久，诗书继世长”中，明白该如何探寻人生之路；从《尚书·大禹谟》的“满招损，谦受益，时乃天道”中，记住该如何胜不骄败不馁；又从郑板桥的“咬定青山不放松，立根原在破岩中。千磨万击还坚劲，任尔东西南北风”中，学会了面对困难的不屈与坚韧……有了这种种日积月累的熏陶，我们兄弟姐妹四人，自小就体味到父母的不易，也在互助互爱中，一步步健康成长，终于成为知书达理、团结友爱、孝敬父母、热爱生活、爱家爱岗、努力工作并自立于社会的有用之人。

家庭是社会的细胞，而国家是一个由千百万个小家庭组成的社会大家庭。家风的好坏自然与一个国家社会风气的好坏紧密相关。一个家庭若没有良好的家风，社会大家庭必然肌体染病。如果多数的家庭没有良好的家风，社会大家庭必定疾病缠身。而一个疾病缠身的社会，必定是一个没有希望的社会。从这个意义上讲，良好的社会风气需要从每一个家庭中涵养形成，更需要从我们每一个人做起。只有这样，我们每一个人才会健康快乐，我们每一个家庭才会幸福温馨，我们的社会也才会和谐而又充满活力。

师生讨论

作者说“家风是家庭之氧”，一个家庭没有良好的家风，为什么就是“缺氧或重度污染”呢？

家长采撷

作者的家风，在于“大有大样，小有小相”，在于大人以身作则，否则就是“上梁不正下梁歪”。

作为家长，我们是否时常一边刷微信，一边呵斥孩子不要玩手机？是否一边看韩剧，一边督促孩子关闭电脑去读书？

学生体悟

家庭是社会的细胞，而国家是一个由千百万个小家庭组成的社会大家庭。

作为一名学生，我们有责任修身养德，帮助父母树立良好家风，这是人生成功的基石。请理解《孟子·离娄上》中“天下之本在国，国之本在家，家之本在身”这句话的含义。

走近作者

杨晓升，男，广东省揭阳市人。《北京文学》月刊社社长兼执行主编，编审。中国作协会员，中国报告文学学会副会长。著有长篇报告文学《失独，中国家庭之痛》等各类作品250余万字。《只有一个孩子》曾获2004年度“正泰杯中国报告文学奖”和第三届（2004—2008）徐迟报告文学奖，《中国科技忧思录》获新中国六十年优秀中短篇报告文学奖。近年所著中篇小说《红包》《介入》《身不由己》《天尽头》等被多家报刊转载，并入选年度作品选本。

谦让，让我一生风平浪静

张秋铧

我是父母的大儿子。虽然上面有三个姐姐，但全家人都喜爱我，呵护我，寄希望于我。

我也争气，从小学习成绩好，上学不久就当班长。记得9岁那年练习写作文，我写的赞美家乡的小诗，被校长在全校师生大会上朗读，学校还奖给我两支铅笔。同学们羡慕我，街坊邻居夸奖我，我心里很是得意。

那时候，农村学校每到农忙季节总要放几天假，让孩子们到生产队里参加劳动，干些力所能及的农活儿。

那是我上初中的第一年春假，我和几个同学插完了一块拐角田里的秧苗，高高兴兴往家走的时候，一个同学说：科学家争论是先有鸡后有蛋，还是先有蛋后有鸡。那么你们说，是先有秧苗后有稻谷，还是先有稻谷后有秧苗？都是十一二岁的孩子，人人不甘落后。我自然是冲锋陷阵第一人：先有秧苗后有稻谷！那个同学说，没有稻谷怎么会长出秧苗？

我们谁都不愿意自己的观点被别人压下去，一时间争论不休，场面激烈非凡。先是相持不下，后来是互相嘲笑，再后来竟变成了人身攻击。争着吵着，那个同学突然“哇”的一声哭起来，有如一锅沸腾水投进了一块冰，热闹的田野顿时一片死寂。

村子里炊烟四起，忙活了一天的人们都在准备晚饭。那位同学却哭着到我家，对我父母说我欺负他。父母耐心地劝走了那位同学后，父亲气哼哼地对我说，看得出来，你很高傲！吃完饭，收拾了碗筷，在昏黄的煤油灯下，母亲问我，刚才和人家争吵，你赢了，可你肚子饱了吗？我不知道该怎么回答。明摆着，我是饿着肚子回来的。母亲说，你争赢了，占了上风，得到了什么呢？只会让别人不喜欢你，防着你，甚至讨厌你。我们乡下人懂得人敬我一尺，我敬人一丈的道理。你从小就要学会让人！让人，不会比别人低，只会让人敬重，让人喜欢。

在我们那条偏远贫穷的小街，母亲算得上是个识文断字的人。母亲一生善良、温厚、忍让，从不说过头话，更不与人争吵，在亲友乡邻中有口皆碑。“学会让人”，是母亲对我们兄弟姐妹的教诲，也成了我家的家风，成全了我的一生。

我 19 岁告别父母亲人，远走他乡当兵，风风雨雨、坎坎坷坷数十年。我谨记母亲让人、敬人的教诲，对下级体贴关照，对同事和谐相助，对上级敬重推崇。好话自己不要说尽，要留些给别人说；好事自己不要先占，多想到和自己一起出力的人；在荣誉和利益面前，靠后一点儿；汇报成绩时不轻易说“我”，总是多说“我们”。尤其在讨论问题时，多聆听，多理解；产生分歧不以势压人，尽可能统一、融合、迁就，退一步皆大欢喜……

天地之大，让人三分何妨；人生苦短，争强好胜无益。所以老子说：自知不自见，自爱不自贵。我虽称不上是谦谦君子，也没有修炼到拥有温良恭俭让的高尚德行，但我在战友、朋友、同乡中，人缘是相当好的。在部队数次精减、整顿、变革中，我从未受到过质疑与非难。如今我退休了，自由创作，广交朋友，乐于助人，从不抱怨，胸襟天宽海阔。

谦让，让我一生风平浪静，心里坦然。

师生讨论

在昏黄的煤油灯下，母亲问我，刚才和人家争吵，你赢了，可你肚子饱了吗？

母亲为什么问作者这样的问题？

家长采撷

“学会让人”，是母亲对我们兄弟姐妹的教诲，也成了我家的家风，成全了我的一生。

面对荣誉、成绩，甚至金钱、权力，您让吗？您会教育自己的孩子让吗？

学生体悟

1. 好话自己不要说尽，要留些给别人说；好事自己不要先占，多想到和自己一起出力的人。

2. 在荣誉和利益面前，靠后一点儿。

3. 汇报成绩时不轻易说“我”，总是多说“我们”。

生活也不是一味地要让，有些事情不但不能让，而且还要争。比如追求知识，比如探索真理，比如求仁养德。子曰：“当仁，不让于师。”（选自《论语·卫灵公》，大意是：孔子说：“面对着仁德，就是老师，也不同他谦让。”）

走近作者

张秋铧，出生于湖北仙桃，现定居天津。先后在解放军艺术学院、南开大学作家班进修、读书。1968 年开始发表文章，1979 年春被著名作家魏巍引导其文学创作，迄今发表各类文学作品共 300 余万字。著有长篇小说《园中情》《抗日名将张自忠》《太阳半张脸》、中篇小说集《烟雨南运河》、长篇传记文学《走向和平》、心理文化随笔《贯通一生的心理手册》等，长篇史诗《啊，钓鱼岛》即将出版。

家教是人生大厦的基石

林清平

小时候，父母常告诫我：要让着比自己年龄小的小孩，要对大人有礼貌，要尊敬老人。我记住了父母的教导。这种60后的记忆很顽固，一辈子忘不了。

村里谁家的儿子不孝顺，谁家的儿媳脾气坏，谁家的子女做了坏事，我的父母就会拿这些人来当我的反面教材：千万不要跟某某学。相反，村里哪个人做了好事，父母就一定会告诉我：以后要好好向某某学。记忆里，我父母说得最多的一句话就是：跟好学好，跟叫花子学讨。

这只是我所受家教的一个小小的侧面。虽然父母都是农民，但在我的成长过程中，他们从未间断过对我进行严格的家教，使我懂得了善良，学会了分担。长大成人之后，我对中华优秀传统文化的守成、为人的善良诚恳和做事的细致勤勉，在很大程度上都得益于家庭教育。

我也由此深深地认识到：正向的家庭教育有助于一个人良好品格的形成，一个人基本的品行奠基于家庭教育。然而，当下社会，多少父母以爱的名义杀伐了子女的童年，甚至毁掉了孩子的一生。

有故事说，两个孩子吵架，其中一个的父亲对自己的孩子说，别怕，吵不过你就打，打不过我帮你。另一个孩子的母亲对自己的孩子说，叫你别惹事偏要惹，被人打死了才好，不被人打你不长记性。两个孩子长大后，一个凶悍不讲理，一个懦弱又怕事，人格都不完整。

另一故事说，一个正在上小学的孩子向陌生人诉苦，因为上课不听讲，考试成绩差，不是被爸爸打，就是受妈妈罚。

前一故事讲，孩子们长大后人格的不完整，责任不在孩子，而在他们的父母。后一故事问，孩子为什么会跟陌生人诉苦？可见，家教方法简单粗暴，容易让孩子心灵扭曲！

正向的家教和负向的家教造就出来的是截然不同的两种人。

年轻人不懂礼貌，以自我为中心，问题的根源大多在家庭教育。一个孩子唯我独尊、目中无人，定是父母拿他当“皇帝”了。

许多人试图将子女教成好人，结果适得其反。好人和坏人都是教出来的，但为什么愿望和结果往往大相径庭呢？原因可能很多，其中的一个，就是家教缺失或家教方法不当。

少年儿童时代是一个人的品格扎根阶段，根扎得好，无论遭遇什么样的风雨，这个人的一生都会枝繁叶茂。品格扎根最需要的养分是悲悯善良，是正义勇敢，是阳光开朗。而这些心灵养分首先来自父母的示范教育。

家庭教育一个重要的内容，就是要教孩子学会分担。一个人如果缺少分担意识，他的人格就是不健全的。倘若家教培养出来的都是自私自利的人，家庭和社会基础就会动摇，人类生存环境必然越来越恶劣。你不为别人分担，别人凭什么为你分担？分担是最崇高的自私。

师生讨论

父母为什么常告诫作者，“要让着比自己年龄小的小孩，要对大人有礼貌，要尊敬老人”？

家长采撷

正向的家庭教育有助于一个人良好品格的形成，一个人基本的品行奠基于家庭教育。然而，当下社会，多少父母以爱的名义杀伐了子女的童年，甚至毁掉了孩子的一生。

不少母亲经常会对孩子说：你看看，自从生了你以后，我工作也落后了，人也变老变丑了，我一切都牺牲了，都是为了你，你为什么不好好念书呢？不少父亲会说：我起早贪黑没日没夜地工作，不都是为了给你挣钱、供你上学吗？你还不给我好好念书？

很多时候，也许家长并没有意识到，对孩子过高、过多的要求就是一种“非爱行为”。

有的家长无限制满足孩子物质上的需求，甚至打着爱的旗号，要么包办孩子的生活，要么强求孩子达到自己的标准。在心理学上，这叫“非爱行为”，是指以爱的名义，对最亲近的人进行一种强制性的控制。

作为家长，我们有过这种“非爱行为”吗？

学生体悟

你不为别人分担，别人凭什么为你分担？分担是最崇高的自私。

请参考《论语·雍也》中的“子曰：‘已欲立而立人，已欲达而达人。’”理解这句话。

走近作者

林清平，祖籍安徽枞阳，现居池州。作家，文化名人，微博说禅第一人，新浪微博社区委员会专家成员，永和食品（中国）有限公司文化顾问，其微博曾入选2012年度安徽十大影响力名人微博。著有散文集《浪迹萍踪》《行走的泥土》《一世安详》，禅系列《禅思微箴言》《禅眼看尘世》《禅心贯日月》。

个人的主张

冯秋子

家风是一个家庭的主张，贯注时日、长此以往，如栽种的庄稼，家人倾注心力，关注、参与其生长和收成，积存起一些共识和规矩。

常听人讲，某人家教如何。就像那些庄稼栽种下以后主家人拾掇得怎样，下没下够气力，庄稼的长势是否喜人、前景能否指望。那家人的情态跃然而出，而庄稼的情况也大致可见一斑。

我以为，家教是家风的重要内容。愿从这里说起。

把家风传递至每一个家庭成员，即为家教。老人们笃信“三岁看小，十岁看老”，是说，从一个几岁小儿的身上，可见识到他的质性里有和无的东西，也就是老话说的人的德行、教养，家长灌输给孩子这些基本的成长元素；到了十来岁的时候，他的心性已然成型，他的品行、思维差不多就可以预示出他的一生走向，有无可以指望成才的东西，从他的行为举止中即可见端倪。常听到一个人指责另一人，说他“没教养”。这话很重，轻易说不得。“没教养”几近价值判读，一下子将人推却远处，甚而置于原始荒蛮的境地。通俗点说，是差得太多，除了长的都是人模样，里面的东西，差着级别呢。“没教养”的判断一旦形成，指责的人和被指责的人之间基本上就没有商量或回旋的余地了，意味着相互间缺乏共同信守的常识尺度和认知条规，二人的做人原则存在基础上的分歧，相互间关系的性质陡变。如果共同面对的是契约一类，那么除非被判定“没教养”的人诚心诚意致歉，而且立地修身、改正，重回正常的、遵守基本分寸和通用价值标准的位置，两人方有可能共事，或者是共融、共荣。

家教渗透进一个人的心身，影响到他的每一根筋骨、每一块肌肤，心智与思想、灵魂与审美，心地的宽窄、气韵的畅阻、主张的善恶、行为的正邪……当家长把孩子交给社会的时候，家庭给予孩子的教养是否恰当、能否完备，尽从孩子的心身表达出来。家教好的人，他的筋脉向上，他能看到更多，理解更多，包容更多，担待更多，也就是说他能够比较多地为别人着想，没有那么自私和狠毒，没有那么阴暗与刻薄，没有那么咄咄逼人、不可一世，没有那么不知廉耻、不做收敛。他是在一种适当的分寸下，有韧性地生活和成长，尽可能不去伤害他人，遵守规则，尊重事实，敬老爱幼，着力保护他认为好的东西和需要保护的东西。终其一生，他很可能会为天下之忧而忧，为天下之乐而乐，成为一个长久的人、最少破坏性的人，一个懂得创造、懂得分享、懂得给予、懂得珍惜的人。

家教成败优劣，很大程度上影响一个家庭的子孙后代的路径、他们的走向和德行的发展、他们的长久创造或者短暂消耗。

乘坐地铁上下班，在拥挤不堪的车厢里，不时看到男人女人们抬起二郎腿，踢到站立者的裤腿；或自顾自地叉开双腿，占据了个人的座位以外的空间，自然，不可避免地碰触到了邻座的身体；

还有举着的手机直抵他人的颈项、腰背……不胜枚举。若为他人着想一些，自有另外的途径可以择选。

记得早逝的作家苇岸讲过这样的话，他不能为这个世界创造更多，起码能做一些减少消耗这个世界的事情。这是基于为他人考虑、为我们的“大家”着想而自觉建立起的信念。苇岸短短的39年生命历程，也是这样践行的。

其实，往里收一点，往回收一点，把自己的动作收起来一些就好。从我做起，从小事做起。因为教养不是小事。家风会因我而丰沛和不同。

师生讨论

1.“没教养”几近价值判读，一下子将人推却远处，甚而置于原始荒蛮的境地。通俗点说，是差得太多，除了长的都是人模样，里面的东西，差着级别呢。

2.“没教养”的判断一旦形成，指责的人和被指责的人之间基本上就没有商量或回旋的余地了，意味着相互间缺乏共同信守的常识尺度和认知条规，二人的做人原则存在基础上的分歧，相互间关系的性质陡变。

“没教养”确实是一个很重的道德评判，请列举你观察到的社会上的一些“没教养”现象。

家长采撷

作者给出了部分好家教的标准，请参照一下，我们做到了吗？结合自身经历，您认为还有哪些好家教可以分享？

1. 他能看到更多，理解更多，包容更多，担待更多，也就是说他能够比较多地为别人着想，没有那么自私和狠毒，没有那么阴暗与刻薄，没有那么咄咄逼人、不可一世，没有那么不知廉耻、不做收敛。

2. 他是在一种适当的分寸下，有韧性地生活和成长，尽可能不去伤害他人，遵守规则，尊重事实，敬老爱幼，着力保护他认为好的东西和需要保护的东西。

3. 终其一生，他很可能会为天下之忧而忧，为天下之乐而乐，成为一个长久的人、最少破坏性的人，一个懂得创造、懂得分享、懂得给予、懂得珍惜的人。

学生体悟

乘坐地铁上下班，在拥挤不堪的车厢里，不时看到男人女人们抬起二郎腿，踢到站立者的裤腿；或自顾自地叉开双腿，占据了个人的座位以外的空间，自然，不可避免地碰触到了邻座的身体；还有举着的手机直抵他人的颈项、腰背……

这些“地铁不堪”现象你见到过吗？请再列举出一些地铁里或公交车上的不文明现象。阅读下文加深理解：

《礼记·表记》中讲：“子曰：君子不失足于人，不失色于人，不失口于人。”大意为：孔子说：“君子在众人面前的举止要得体，仪表要庄重，言语要谨慎。”

走近作者

冯秋子，内蒙古人，供职于中国作家协会。为新散文代表作家。出版《寸断柔肠》《生长的和埋藏的》《圣山下》《朝向流水》《塞上》等多部散文集。作品曾获首届冰心散文奖、中国西部散文奖、在场主义散文奖、《人民文学》年度奖、《北京文学》老舍散文奖、《散文选刊》年度华文最佳散文奖等，先后三次入选全国十佳散文排行榜。曾担任鲁迅文学奖、全国少数民族文学创作“骏马奖”和第九届全国儿童文学奖评委。

新时代如何重树家风

郭文斌

在为中共中央宣传部、住房和城乡建设部、国家新闻出版广电总局、国家文物局联合组织实施，由中央电视台中文国际频道摄制的百集大型纪录片《记住乡愁》做文字统筹的时候，我看到，但凡那些望族，都注重家风，为了保持和传承家风，他们都有家谱、家训、家规。一些家族对家训家规的执行到了几近苛刻的程度。这个过程中，我一直在思考，现代人如何借鉴其成功经验，在新时代重树家风。结合两年多的志愿者经历，我觉得做到三要素就可以基本建立现代家风。

一是读经典。要现代人家家户户重建家训家规，恐怕不现实，但可以选择经过时间检验的有生命力的可操作性强的经典作为家训，比如《弟子规》和《了凡四训》。《弟子规》的观点、内容基本出自《论语》，但它比《论语》好操作。113 件事，拿过来就可以照着做。《了凡四训》则告诉我们为什么这样做，原理是什么。曾国藩就把《了凡四训》列为子孙必读书的第一本。

可以把这些经典作为定课，每天读，有空就读。早晨读一遍，提醒自己一天怎么度过，比如《弟子规》113 件事今天怎么落实。晚上读一遍，对照一下，哪些做到了，哪些没做到。它是一束光，打进生命中，可以看清自己有多少次跑丢了，有多少次回家。

当经典中的句子成为一家人的共同条件反射，家风的地基就打起来了。

经典要用直觉读，不用解读，不考虑意思，先把文字读准、字句读顺。用直觉读，用的是来自于天地的通性能量。很舒服很喜悦，嘴里有甜甜的唾液产生，就读对了。如果读对了，都不愿意停下来。如果读到中间，就不停地看页码，觉得怎么还没完呢，肯定是读的方式错了，没有读出享受来，赶快调整方法。终有一天会读到那种享受，身体有一种通畅通泰的感觉。有人讲，经典的“经”就是经络的“经”，读经典就是在打通经络。现在人们都知道用外在的方式锻炼身体，却忽略了读经典带来的心灵滋养。

读经典还有一个作用：练习“回家”。读到“对饮食，勿拣择”时，虽然眼睛在看嘴在读，心神却已经跑到餐厅里面去了。过了一会儿回来了，发现这两页我怎么读过去了，都不记得了。这就是一次流浪。由此可知平时生命是一种什么状态，真是流浪又流浪，没有完结。读一部经典的过程，其实就是人一辈子的过程。一部经典读下来，走丢了无数次，就白读了。如果一部《了凡四训》读下来，一次都没走丢，那么你已经永远地在“快乐老家”。经典是一面镜子，也是检测仪，能检测我们现在回家的能力到什么程度。没有经典就检查不出来，一读经典就知道，心是很静，还是乱得一塌糊涂。

二是力行。如果将《弟子规》背得滚瓜烂熟，但不去一条一条落实，它们就仍然不能成为自己的能量，因此要力行。在山脚下徘徊的人没办法理解一位站在山顶的圣人发出的“一览众山小”

的感叹。我们要想理解“一览众山小”，必须靠着经典的阶梯，登到山顶。

三是写反省日记。就是把自己一天的所思、所想、所为，用流水账的方式记录下来。写反省日记可以养成反省力，提高反省力。通过写反省日记，养成一个习惯，每天晚上把白天做的一切回忆一遍。时间长了就变成跟踪力，它是一个无比重要的生命能力。跟踪自己的念头，跟踪自己的行为。如果能时时刻刻跟踪自己的念头了，就不会犯那些冒天下之大不韪的错误。官员如果有过写反省日记的训练，当接红包的手要伸过去的时候，马上反省到了，他就收回来，“双规”也就免于发生了。一个人时时有反省的训练，他在对待感情的时候就会慎重，恶言恶语就不会出口。有许多家庭里本来没什么大的问题，只因为成员间说话不注意，没有反省力，最终酿成了悲剧。

反省日记本身可以作为家训传至后代。当你想象到自己的这一部反省日记，将来子孙后代会看，就会变着花样去做好事。只有做出来，才有资格写。你就会带着创意去生活。

反省日记不在字数多少，也不在文学水平有

多高，在于每天写。今天的言行中，高能量的有哪几件，低能量的有哪几件，本质层面上的有哪几件，非本质层面上的有哪几件。晚上结算时，看看自己的人生账户上是进项多，还是出项多。当进项越来越多的时候，一个人也就真正踏上了凡之路了。中华民族是一个注重反省的民族。我们有太多的家谱家训，就是供子孙后代作为反省的镜子用的。过去几乎家家有家谱，现在绝大多数都没了，不少人都成了没“谱”的人，做起事来就没谱、没章法。一个家没有家训，就没有家风，家族的船不知道开向哪里，肯定走不远。

树立家风比给孩子存银存金更重要。给孩子留下太多的财富，往往会让孩子失去奋斗的动力，一些孩子会拿它吃喝嫖赌，这反而是害了孩子。如果家长把反省日记留给孩子，告诉他提升能量的秘密，让他自己去奋斗，那就是对孩子莫大的关怀。

师生讨论

1. 为什么说《弟子规》“是一束光，打进生命中，可以看清自己有多少次跑丢了，有多少次回家”？

2. 如果将《弟子规》背得滚瓜烂熟，但不去一条一条落实，它们就仍然不能成为自己的能量，因此要力行。

你会背诵《弟子规》吗？《弟子规》中的113件事，你有多少落实到了自己的行为上？

家长采撷

树立家风比给孩子存银存金更重要。给孩子留下太多的财富，往往会让孩子失去奋斗的动力，一些孩子会拿它吃喝嫖赌，这反而是害了孩子。

您是在爱孩子还是害孩子？

学生体悟

写反省日记可以养成反省力，提高反省力。通过写反省日记，养成一个习惯，每天晚上把白天做的一切回忆一遍。时间长了就变成跟踪力，它是一个无比重要的生命能力。

若我们从学生时代开始写反省日记，提高自己的“生命能力”，长大以后或许能成为一个“能人”“名人”“伟人”。

请阅读理解《论语·学而》：“曾子曰：‘吾日三省吾身：为人谋而不忠乎？与朋友交而不信乎？传不习乎？’”

走近作者

郭文斌，现任宁夏作协主席、银川市文联主席，《黄河文学》主编，为中国作协全委。著有畅销书《寻找安详》等十余部。长篇小说《农历》获第八届茅盾文学奖提名，短篇小说《吉祥如意》获第四届鲁迅文学奖。

读书亦如生活

龙仁青

写下这个题目，却又想起一件貌似与之无关的事情。

几年前，西宁一所中学大面积修缮，拆除并重建了学校大门。这所学校创建于 1958 年，校名为我国声名显赫的文化名家题写。一幅木质匾额高悬于门首，所题校名苍劲古朴，虽然历经岁月，风雨侵蚀，显得有些破旧，但那种透着人文气息的韵味依然，很有气势。谁知大门被拆除时，这幅匾额也被拆下来砸碎，丢弃在了建筑垃圾里。待学校修缮完成，再次出现在学校大门门头的校名，却用的是呆板的电脑字。

我恰好与这所学校的一位老师相熟，一次在

QQ 上相遇，聊及此事，话题一打开，我便多说了几句。我说提及读书，古人常用“书香”一词表达读书所带来的愉悦。这个词透露出的气息，并不是刻意强调了读书的精神性，反而是在强调它的世俗意义——读书，与享受美食一样，是一种接近味觉的感受——香。从这个意义上去说，学校，则像是一间厨房，是用来烹饪美食的，也就是说，学校是制造书香的地方，是书香的发源地。学校门首有一块学有大成的名家题写的匾额，就相当于是这所厨房有一道独家美食私房菜，能够吸引更多的学子前来享受饕餮盛宴。如今，这块匾额被砸，名家手写字用电脑字来代替，就像是想用烂了大街的快餐或者方便面来吸引学生，这哪里还有书香可餐？

这位老师听我唠叨，没一会儿，他的头像变黑，我想是下线了。几天后发现，他是拉黑或者删除了我。

现在想来，我当时的话显然有些偏执，比喻也不十分恰当。但我至今认为，学校是书香的源头这句话没有任何错误。我推测，但凡这所学校的校长或者其他负责人，对他们学校门首的那块匾额有一点认知，对那位题写校名的名家有一点认知，对书法这样一种历经书香熏染和浸泡之后才会熠熠生辉的艺术有一点认识，这块匾额便不会遭此厄运。保存收藏，或以拓片做成仿品，都会让这样一幅匾额所散发的书香绵延下去。

学校缺少书香，这似乎已经是我国一个必须重视起来的严峻事实。记得女儿考上大学那年，我陪孩子去大学报到，并带孩子在学校周边游走。见有一家书店，便在女儿的提议下走了进去。书店里，我们看遍所有书架，除了各种学生复习资料外，没见到一本文学、社科、人文方面的书籍。出门，看到不远处又有一家，走进去再看，与前面一家几乎毫无二致。出了门，女儿对我说：看来不是你想来的书店啊！我对女儿说：也不是你应该来的书店。

学校缺少书香，如果家里再没有一点书香气息，在我看来，就像是每天的饭里缺少了一味必需的调味品——就像是盐，使得整个俗世生活也少了味道，少了生气。

我女儿爱读书，在小学和中学期间，也时有文章发表在报刊上。便有许多朋友和同事问我：

怎么做到让女儿读书写作的？面对这样的问题，我却不知道怎么回答，每每只是把我家每天的一个景况描述给他们：吃完晚饭，我会走进书房开始读书，收拾完了厨房的她妈妈，也会抱一本书在沙发上看，那时女儿两三岁，在她的眼里，读书是家里一件必然的事情，于是也会拿起一本自己的小人书认真看起来。到了小学，她已经算是一个小书迷。“不是我要让她看书，而是我要试图让她放下手里的书”，我经常这样回答问我这个问题的朋友和同事。后来，我发现，这些朋友或者同事，他们本身就没有读书的嗜好，却一味逼着自己的孩子看书，这种失却了示范意义的逼迫，显然只有无功而返——任何事情，必须是自己先做到了，然后才能够要求别人做到，即便是对自己的子女，亦是如此。

近日有媒体采访作家弋舟，他说写作亦如生活。在我看来，读书更如生活。

师生讨论

1. 为什么学校将那块“声名显赫的文化名家”题写的校名换成“呆板的电脑字”的校名？

2. 为什么作者与学校一位老师气愤地谈及“文化牌匾”的事情，那位老师无言以对，并将作者“拉黑”呢？

家长采撷

1. 作者与女儿在大学旁边的书店闲逛，“出了门，女儿对我说：看来不是你想来的书店啊！我对女儿说：也不是你应该来的书店。”父女俩的对话有何深意呢？

2. 吃完晚饭，我会走进书房开始读书，收拾完了厨房的她妈妈，也会抱一本书在沙发上看，那时女儿两三岁，在她的眼里，读书是家里一件必然的事情，于是也会拿起一本自己的小人书认真看起来。

从作者的读书生活里，我们应该可以找到如何让孩子爱上读书的方法了吧？

学生体悟

任何事情，必须是自己先做到了，然后才能够要求别人做到。

当我们看到别人有缺点想批评的时候，是否该先思考一下："我有吗？"当我们看到别人的优点的时候，是否也该先思考一下："我有吗？"

请阅读理解《论语·里仁》中的一句话："子曰：'见贤思齐焉，见不贤而内自省也。'"

走近作者

龙仁青，男，1967年生于青海湖畔的铁卜加草原。中国作协会员、青海省作协副主席。1990年开始文学创作。在《人民文学》《中国作家》《上海文学》《芳草》《章恰尔》等汉藏文报刊发表作品多篇。创作出版有作品集《光荣的草原》《锅庄》等。翻译出版有《端智嘉经典小说选译》《居·格桑的诗》等。曾获汉语文学"女评委"大奖、《青海湖》文学奖等。

最是家风塑灵魂

李新文

作为一个客家世家，我家从福建迁徙到广西这个小村落，到我已经是第十七辈了，再加上先前从中原迁徙到福建的那一段悠久的时光，那我家的客家家风真可谓吹越千年。

父亲是地地道道的农民，识字不多，可他经常会文绉绉地对我们几兄妹训导这么一句话：“君子贵人贱己，先人而后己。”

年少时的我，每每听父亲这样说时，总感觉特别滑稽可笑：还“君子”呢，每天面朝黄土背朝天、一身泥来一身水的。当然，每一次看到我的嬉皮样，父亲总会古板地给我抛来一句：“小子，你给我记着，这既是古训，也是家风。”父亲肯定不知道这古训出自哪里，我也是读初中后才知道是出自《礼记·坊记》的。因了这家风，害得我们家吃了不少的亏，当然，这都是我年少时的看法。

印象最深的一次，眼看到了插秧时节，家乡却遭遇大旱，父母亲与乡亲们一样，盼星星盼月亮地盼望快点下场大雨。好不容易盼来了一场大雨，我们兄妹几个都奔到自己家的水田了，可是父母硬是拉着我们向邻居三叔家的水田走去。

我瞬间明白了，父母亲要我们先帮三叔家插秧苗。可是今年情况特殊，好不容易盼来一场雨水，下一场雨什么时候来，真的只有天知道。如果我们插完三叔家的再插我们家的，即便是真的再有雨水，那也错过了很好的时节。最关键的是我与哥哥姐姐的农忙假只有短短四天（20世纪80年代，每到农忙时节，学校都会放几天假让学生回家帮忙种田，谓之农忙假）。可父亲不与我们论这些，他不擅长鸿篇大论，翻来覆去就是那不容辩驳的几句话：你三叔突然腿折了，你那堂姐又远嫁他乡，你堂弟又那个样子（我堂弟从小就患有严重的小儿麻痹症）。就你三婶一个女人家，耙田、铲秧、挑秧、插秧（那年月还没有现在的什么抛秧技术），要忙到什么时候才忙得完？要记住——“君子贵人贱己，先人而后己。”我们异口同声同时又恼恼地帮他接上这一句。这一句永远是父亲讲话的重点所在，永远是父亲训话的结束语。

那年的老天也不怜我们，真的又等待了好多天才下第二场雨，可我与哥哥姐姐都返校了。结果那一年，我们插秧错过了整整半个时节，收成当然大打折扣，但我从没有听父母亲抱怨过半句。

父母亲永远说不出莫言的“人字的结构就是互相支撑。不但灾难中的人要互相支撑，和平中的人也要互相支撑……只有互相支撑，才能有生存空间……你在用真诚的善意抚慰着他人的创痛时，你自己的灵魂也得到了升华……”诸如此类的具有深刻哲理的句子，但父母亲说话形象直白：“你们看看我们住的房子，不管是圆形的还是方形的围屋，都是紧紧团结在一起、凝聚在一起的。它们既独立成家，又自成一统，做人，就是这么个简单道理。”

我的祖祖辈辈，一代又一代，将家风深深地烙进了行事作风之中，深深地蕴含在了言传身教之中，使我们在人生的第一所学校里塑造着我们幼小的灵魂。

现如今我也早已为人父，当我也时不时地以这句家训教导女儿时，当我看到年迈的父母亲赢得村上村下、左邻右舍的无限尊敬时，我突然对“君子”一词有了深切的理解：“君子不患位之不尊，而患德之不崇。”

带女儿逛街，每每看到女儿那稚嫩的小手总是很自然地扶起街角那一棵被风吹歪的小树苗，很自然地将自己手中的糕点分一半给路边的流浪者，很自然地帮推一把别人蹬得吃力的车子，很自然地帮捡起别人不小心散落一地的瓜果……我总会无限欣慰又无限冀盼地在心底呼唤，就让这家风轻柔地拂煦一辈又一辈人的心灵吧，让他们的心园永远阳光灿烂，让他们永远做灵魂的“君子”。

师生讨论

在当时的农村，错过插秧时节，就意味着当年的收成大减，一家人极有可能面临着挨饿。大旱之年，眼巴巴盼来了一场雨，父亲却不去自己家水田，而是拉着孩子们去给三叔家插秧。父亲是不是太好面子、图虚荣了？

家长采撷

作者欣慰于“看到女儿那稚嫩的小手总是很自然地扶起街角那一棵被风吹歪的小树苗，很自然地将自己手中的糕点分一半给路边的流浪者，很自然地帮推一把别人蹬得吃力的车子，很自然地帮捡起别人不小心散落一地的瓜果……”

您也会像作者一样留心观察到孩子善良、助人的细节吗？请列举一些吧。

学生体悟

当作者看到年迈的父母亲赢得村上村下、左邻右舍的无限尊敬时，突然对“君子”一词有了深切的理解：“君子不患位之不尊，而患德之不崇。”

很显然，作者父母被人尊敬缘于“君子贵人贱己，先人而后己”的家训。在生活里，我们没有必要担忧自己职位不够高，而应该时时想到自己的道德是不是高尚。

“君子不患位之不尊，而患德之不崇。”这句话出自我国古代大科学家张衡之口。张衡曾任太史令前后达 14 年之久，多年不升迁。面对别人的不解，不慕名利的他，特地写了篇《应闲》表明心迹，认为道德比职位更为重要。

走近作者

李新文，男，客家人，1969 年生，广西陆川县人，全国公安文学艺术联合会会员，广西作家协会会员。自 1988 年穿上警服至今，一直在公安交警部门工作，现任广西陆川县公安交警大队副大队长。爱好文学、旅游、摄影，发表作品五十多万字，出版有三部作品集。

一块牌匾的传承

李婍

每年要填各式各样的表格，几乎所有表格中都有籍贯一栏。籍贯是一个人的出产地的注册商标。那个干巴巴趴在纸上的所谓的籍贯，细究起来，却是柔软而有温度的，它是你的血脉符号，你从哪里来，你的血脉的源头在哪里，你的祖先给了你怎样的传承，你受过什么样的家风影响，都与那个符号有关。

在故乡，娶媳妇聘闺女都要看对方的家底，看那户人家的家风怎么样，忠厚仁义善良诚信，是最基本的标准。那些整天鸡吵狗逗的家族，那些狡诈爱要小聪明占小便宜的家族，那些有过风花雪月出轨记录，或者有过打架斗殴不良记录的家族的孩子，往往在婚嫁问题上是老大难。

家风的印记，顽强而无形地铭刻在一代又一代人的生活中，你的一言一行、一举一动、一颦一笑，无意中，就出卖了你接受过怎样的家风传承。

我的籍贯一栏，永远写着衡水。自从明末我的祖先从山东迁到那个地方，衡水便成了我们这个家族的籍贯。山东人的重情、重义、坚韧、不屈，已经植根在我们家族世世代代的血脉中。

清朝末年，我的祖先是当过官的，官至三品。出了三品官的家族在我们那个地方也算是显山露水了，但这个家族却异常低调。祖爷爷没有像某些得势的官员那样买房购地娶三房四妾，也没有把家迁到京城。家依然是那个家，老婆依然是那个老婆，只是家里的房子盖得气派了些，多了几间像模像样的书房，多了一个可以接待客人的厅堂，厅堂的正中挂了一块牌匾：务本堂。

君子务本，本立而道生。这或许是祖爷爷经历了太多的人生风云之后，渐渐归于平淡，才悟出的做人当务本的道理。想象在清末某个晴好的日子，我们家祖辈那个有些迂腐的老爷子让人把“务本堂”的牌匾挂到中堂的时候，他眯着眼睛捻着胡须左看右看，脸上绽开一丝令人觉察不到的满意的笑容。在他看来，这辈子不好高骛远，诚实而踏实地做好自己应该做的事，远比当到几品官重要得多。这个务本，不仅仅是提醒他自己务真求实，回归本色，也给他的儿女、他的子孙后代提出了做人做事的要求。

那牌匾在中堂挂了些年头，祖爷爷过世后，便移到了书房，人们发现那几个字放在书房也很和谐，“务本堂”从此便成了书斋的名号。之后，下一代老哥儿几个分家，鉴于财产不多，且难做到平均分配，便把家产随意划成几份抓阄，恰巧我们这一支抓到了有书房的那个院落，沾了书房的文气，后代中文化人明显多于宗族别的分支。

文人成堆的家庭，儒雅温谦而迂腐，缺了家族中原本的刚烈豪爽，但是这个家族秉承的务本家风没有变，子孙后代基本能坚持做到不骄傲、不自大、不张狂、不攀附，老老实实、本本分分做人。

感谢浓浓家风的熏陶，作为这个家族血脉关联下的一个女子，虽然家谱中没有我的名字，自从嫁出去，故乡的一切似乎都与我无关，但是从那个家族中继承的务本的家风却影响了我走过的生命历程，在事业上或许成绩平平，但我却自以为是个好女人。每每在各种表格上填籍贯一栏的时候，我都会想起家中那块“务本堂”的牌匾，怀着对祖先和家风的敬畏，从来不敢忘记自己是从哪里走来的，从来不敢丢掉最本色的东西。

前两年城中村改造，故乡的老屋拆掉了，那块牌匾不见了踪影。不管牌匾在何方，“务本”的家风是不可变的，那是已经深入骨髓的理念，想变都不容易。

师生讨论

家风的印记，顽强而无形地铭刻在一代又一代人的生活中，你的一言一行、一举一动、一颦一笑，无意中，就出卖了你接受过怎样的家风传承。

作者想表达的应是“家风是一个人素养的晴雨表”，我们每个人的言行都不是独立存在的，都有可能给家庭争光或抹黑。老师可引领学生做一个“家风倒推”，即通过观察学生自己的行为，来让学生回忆和思考一下家长与家庭习惯对自己的影响。

家长采撷

在故乡，娶媳妇聘闺女都要看对方的家底，看那户人家的家风怎么样，忠厚仁义善良诚信，是最基本的标准。那些整天鸡吵狗逗的家族，那些狡诈爱耍小聪明占小便宜的家族，那些有过风花雪月出轨记录，或者有过打架斗殴不良记录的家族的孩子，往往在婚嫁问题上是老大难。

这种“娶媳妇聘闺女都要看对方的家底”的风俗不单在作者故乡，在整个中国大地上从古至今似乎都有，而且家风代代传每每能得到印证。有难缠的父母，基本上就会有多事的儿女；有伤风败俗的儿女，其父母的心志想必也不会高到哪里去。为了孩子的前途，家长当自检、自重，从我做起，给孩子一个自信、自强的人生吧！

学生体悟

在事业上或许成绩平平,但我却自以为是个好女人。

作者为什么说自己是个好女人？你心目中好女人的标准是什么？

有人说“长得漂亮不如活得漂亮”，你如何理解这句话？

走近作者

李婍，河北省衡水市桃城区人，现供职廊坊广播电视台。散文家，畅销书作家，国家一级作家。中国电视艺术家协会会员，中国散文学会会员，河北省作协理事，廊坊市作家协会副主席。已出版文化图书《莫问奴归处》《红楼女儿梦》《胭脂魅》《隔岸女人花》《对镜贴花黄》《爱的教育》《五代十国的那些后妃》《五代十国的那些皇帝》《赵四小姐》，长篇小说《舌尖上的战争》《紫月亮》，散文集《人生旅途》《紫陌红尘》《夜在窗外》《五个人的天堂》等。

苛责爹妈可休矣

王秀云

从古至今，看绝大部分艺术作品，只要关乎爹妈，几乎一切语言、形式和结构，最终都一个基调——勤劳、善良、朴实、无私、敬老爱幼……好像爹妈是这些词语定制的。定制的目的就是服务于爹妈的儿女、长辈、街坊邻居、同事朋友。爹就得像罗中立画笔下那样，忍辱负重，历经沧桑；母亲形象就更单一了，闭上眼睛，设想“母亲”两字，主流价值观的词语扑面而来，换上有个性的词立刻就与母亲形象不匹配了。

敬老爱小是人类天职，也是动物本能。但让爹妈敬爱他人到完全忽略自己，这就是社会伦理的扭曲。事实上，爹妈也是从小伙姑娘成长而来，他们心性中的自我意识不可能因为成了别人的爹妈就瞬间消失。一定是道德绑架、家庭责任和情感力量让父母不得不放弃了自我，全身心投入到角色中，将自己塑造为身边亲友认可的爹妈形象。

爹妈的传统形象，也是历史造成的。过去穷，家里有点像样的食物都要留给正长身体的孩子。我记忆中就是如此，家里做面汤，父亲会把他碗里的面条挑给我们。我中学住校，父母会尽量把好吃的留到我回家再吃，那时候也没冰箱，很多东西都放坏了。有一次我周末回家切西瓜，坏透的汤汤水水流了一地。父母尽管心疼，但以后还会照旧。因为他们不能忍受孩子不在家自己吃好东西的做法，别人也看不惯。做孩子的，知道了也会不满。正是这种思想的长期泛滥，让子女对爹妈要求太多，爹妈不但要把孩子抚养成人，过去还要为儿女盖房修屋看孩子，现在更是“拼爹”拼得爹妈们各种无可奈何。满足不了儿女的心愿，就会遭到抱怨、指责，甚至愤恨。前不久天津一位母亲，因为没有能力给准儿媳增加聘礼，遭到儿子指责，一恼之下跳楼身亡。真不知这位儿子今后回忆人生时，该如何面对因为苛责父母而给家庭带来的如此的灾难。

当然，过去爹妈忍辱负重，也是因为中国一直没有健全的养老机制，老了还要靠儿女养活。现在的委曲求全，也是不得已而为之，算是一种长期情感投资。我现在对你好，将来我老了你对我好。这种心理期待，让双方都累。儿女知道你老了要靠我，对爹妈的奉献也就不以为然，反正这是要回报的。

为了解决父母子女之间这种伦理困境，于是就滋生了孝道。凡事一说到“道”，似乎就有了理论依据，就“高大上”了，就合情合理了，殊不知很多“道”背后其实掩盖着人类并不磊落的心理需求，比如孝道背后是家长的私欲，是社会管理者逃避责任的借口。一些人找借口说有些国家的人道德沦丧，说人家不懂孝道，人家不是不懂，而是健全的养老机制为人们卸下了这种精神背负。我自己很少在孩子面前谈孝道，觉得这是为了自己老有所养给孩子洗脑，有点“以权谋私”，和儿女让父母无私奉献一样，是一种自私。

这些年，真是委屈了爹妈们。爹妈们原本也想浪漫一把，偷偷吃次冰激凌、看场电影什么的，也想买件好衣服臭美的，这一下可好，集体被架上去了，只能无私，只能勤劳，只能完美。不这样怎么能当爹妈呢？当儿女的写爹妈的时候也为难，对爹妈其实诸多不满，可写了会不会让人笑话呢？爹妈会不会生气呢？诸如此类的顾忌让文学作品中的爹妈形象模式化了。尤其是基层初写者写的东西，一看开头就知道爹妈什么样。都是一个模子刻出来的，区别就是乡村爹妈用土坯模子，城里的用水泥模子，知识分子的爹妈讲究点，用宣纸端砚之类，画出来更斯文些。至于爹妈的真实形象，基本被华而不实的文字遮蔽了。

矫饰爹妈就衍生出许多矫饰的情感，比如每逢母亲节、父亲节，网上一片孝子贤孙，以至于有人实在看不过去了，很低调地嘲讽道：你在网上这么孝顺，你爹妈知道吗？

母亲、父亲、教师、医生、清洁工……我们有太多这种被语言暴力模式化的角色。其实，他们和售货员、小商贩、公务员等其他角色一样，只是一种身份认定，他们是芸芸众生中普通一员，他们没有责任必须无私，必须奉献，必须完美，他们本来就有你我都有的欲求，也一定会有你我都有的缺陷。他们能承担该承担的责任，尽到人之本分就是大德。

况且，时代已经发生深刻变化，物质上再也不像过去那么匮乏，养老机制逐步健全，父母子女之间可以互相松绑了，让家庭伦理关系更轻松自在，让亲情更单纯洁净，共同建立一种温暖舒适的新型伦理关系。

让爹妈从神活成人，是社会的进步。

师生讨论

1. 从古至今，看绝大部分艺术作品，只要关乎爹妈，几乎一切语言、形式和结构，最终都一个基调——勤劳、善良、朴实、无私、敬老爱幼……好像爹妈是这些词语定制的。

作者为什么要对这些好像给爹妈特定的词语提出质疑？

2. 文中说爹妈“满足不了儿女的心愿，就会遭到抱怨、指责，甚至愤恨”。这是为什么？

家长采撷

爹妈们原本也想浪漫一把，偷偷吃次冰激凌、看场电影什么的，也想买件好衣服臭美的，这一下可好，集体被架上去了，只能无私，只能勤劳，只能完美。不这样怎么能当爹妈呢？

时代已经发生深刻变化，物质上再也不像过去那么匮乏，养老机制逐步健全，父母子女之间可以互相松绑了，让家庭伦理关系更轻松自在，让亲情更单纯洁净，共同建立一种温暖舒适的新型伦理关系。

您对作者的这种观点持什么意见呢？

学生体悟

矫饰爹妈就衍生出许多矫饰的情感，比如每逢母亲节、父亲节，网上一片孝子贤孙，以至于有人实在看不过去了，很低调地嘲讽道：你在网上这么孝顺，你爹妈知道吗？

孝敬父母是不是只需要在父亲节和母亲节有所表现呢？若不是，我们在日常生活中应该如何去做呢？

请阅读理解《论语·为政》中的一句话：“子曰：‘今之孝者，是谓能养。至于犬马，皆能有养。不敬，何以别乎？’”

走近作者

王秀云，女，河北东光人。河北省文学院签约作家，1986年开始发表作品。2009年加入中国作家协会。著有长篇小说《出局》《花折辱》，诗集《长庚》，中篇小说《玻璃时代》《水晶时代》《界外情感》《第二现场》《钻石时代》等。《玻璃时代》获新世纪第二届《北京文学》奖新人新作奖，《水晶时代》入选2005年河北省十佳作品。

父亲的拳头

魏永贵

这已经是四十多年前的事了。

这事时时出现在我的记忆中，也出现在后来与老父亲对饮时的酒话中。

四十多年前，读小学四年级的我有一天捧着一张打了一百分的考试卷，兴冲冲回家，刚踏进门槛便迎面吃了父亲一拳头。

我本来是准备向父亲“邀功求赏”的。我还来不及张嘴。

父亲一只瘦骨嶙峋的大手落在一个十二岁的少年的脸上，那力度可想而知。于是我眼前一黑，又感觉到鼻孔里缓缓流淌出有些浓稠有些腥味的东西。于是我听见了母亲很夸张的一声尖叫，又看见母亲老鹰一样扑向父亲。

父亲一把推开了母亲，双眼瞪着我，要我面壁跪下。那时候神柜上没有列祖列宗牌位之类的东西，所以严格地说我是向柜顶墙壁上四尺巨幅的毛主席画像跪下了。我那时吓呆了，以为做了“对不起毛主席的事”。那正是一个“上纲上线”的年代。

“说，你做了什么好事！”父亲一脸威严。

从父亲的眼睛里声音里更是这拳头的武力里，我知道我一定犯了不可饶恕的“滔天大罪”。可是我是父亲眼里最听话最用功的孩子。我手里还捏着那张满分考卷呢。我倍感委屈。

父亲见我一脸茫然一脸无辜，又是一拳。“说！为什么要偷！为什么要当贼！”父亲又吼道。

啊？——当贼？！我大吃一惊，原来……

是的，两个星期前新学年开学，老师要我们开始使用钢笔写字，可是代销店的一支钢笔要一块多钱！父亲一个满工十分也只两角钱，我平时向父亲要一角钱的作业本钱，父亲都是犹豫再三啊。那时候我们兄妹五个穿衣吃饭念书，母亲体弱多病吃药打针，全靠父亲一人挣工分，没有进钱，年年欠债。我怎能再向父亲要钱？就是要，他能给吗？于是有一天，我提心吊胆地从当染坊会计的父亲用的公家箱子里偷偷拿了五块钱，买了一支胶管钢笔，剩下的三块多钱我分文未花，藏在床垫下面的破棉絮里。父亲一定是发现少了钱并且又在我的床垫下找着了剩下的钱。

面对父亲，我低下了头，呜呜地哭了，一边哭一边为自己辩白："爹，我不是乱花钱，我买了一支写字的钢笔……你看，老师还表扬我的字呢……"

父亲一愣，松开了那紧握的拳。母亲把我从地上拉起来，拍干净了我膝盖上的灰土，又把我牵到脸盆架前，用热手帕洗去了我脸上的鼻血和泪水。

那天午饭父亲喝了很多酒，几乎一直没有说话。最后，那双带血丝的眼睛善良而又庄严地望着我："伢呀，你要记住，人不能去偷，不管有什么理由。人能有穷命，但是不能有穷骨……"

我听着父亲絮絮叨叨的话，感觉一下长大了好多。父亲在我的心目中，一下比书本上的英雄还要伟大。

事后许久我才知道，父亲所在的村染坊里结

账的时候发现父亲“贪污”了五块钱，于是便把父亲的会计撤了。父亲是一个把面子看得比命还重要的人啊！

我心中一直愧对父亲。

这是我平生第一次当“贼”。又是唯一一次遭到父亲沉重的“拳击”。

从那以后，我学会了父亲的要强、骨气以及诚实。人能有穷命，但是不能有穷骨——父亲的这句话，也刻进了我的骨子里。

后来我也做了父亲。面对我的儿子，我总是教育他帮助他鼓励他，偶尔，我也批评他纠正他，甚而也像我的父亲一样使用武拳头。只是这拳头是“轻量级”，而且落下的部位是儿子身上肉最厚实的屁股。

父亲的拳头，那攥拢的五指里，蓄积着浓得发稠的爱。

师生讨论

1. 我本来是准备向父亲“邀功求赏”的。我还来不及张嘴。

父亲一只瘦骨嶙峋的大手落在一个十二岁的少年的脸上，那力度可想而知。

父亲该打儿子吗？

2. 我提心吊胆地从当染坊会计的父亲用的公家箱子里偷偷拿了五块钱，买了一支胶管钢笔……

儿子该拿钱吗？

家长采撷

我们可能面对的是一个忙碌、浮躁和急功近利的社会。为了学习、为了取得家长满意的成绩，有的孩子一心扑在课本上，无暇锻炼，身体健康正在悄悄地被社会“偷”走；有的孩子迷恋于电视、电脑和手机，关心、关爱、沟通、孝敬、尊敬和礼让的习惯正悄悄地被社会“偷”走，作为家长，我们该怎样面对？

学生体悟

我学会了父亲的要强、骨气以及诚实。人能有穷命，但是不能有穷骨——父亲的这句话，也刻进了我的骨子里。

何为命运？“命”无法选择，“运”可以转变。如何转变？靠自己的善良、仁德、勇敢、智慧以及勤劳就可以改变。但无论如何变，都不能失去做人的志气。请阅读理解《孟子·尽心上》中的一句话：“仰不愧于天，俯不怍于人。”

走近作者

魏永贵，湖北广水市人。中国小小说名家沙龙副主席。出版有小小说集《空地的鲜花》《雪墙》《雪上的舞蹈》《爱的毒药》等八部。其中《雪上的舞蹈》获“冰心儿童图书奖”。2009年获中国小小说最高奖——“金麻雀奖”。现供职于山东省威海市公安局。

家风漫说

李浩

多年之前我曾写过一篇小说《爷爷的“债务”》刊在《人民文学》上。故事的前半部分完全来自真实生活：我的爷爷，曾在回家的路上捡到一个布包，里面是钱。据说那些钱相当于我们一家人一年的收入，这里面，还得包括在学校当老师的我父亲的工资。那天是辛集的集市，我爷爷就在路口站着，询问路过的每个人：你见过这个布包么，你知道里面有什么吗，如果有人丢了东西就让他过来，我在这里等他……每次有人提及这事，都让小小年龄的我感到荣耀。从爷爷拾金不昧这件事上，我体会着助人的幸福，虽然这件事的发生与我并无关联，爷爷“拾金不昧”的时候我才三岁。

那么多钱……他们说，他们赞叹。

每次有人提及这事，我小小年龄的心里都会泛起波澜，我就会有几天专门地低头走路，希望也能有机会“拾金不昧”——四十五年了，这样的机会还没出现过一次。当然，我真捡到过一分两分或者五分，但这些在交给老师、警察叔叔的时候我的幸福感少了很多，与我的预期难以相称。不过助人的幸福我是体验过的，我觉得，它是我爷爷在“拾金不昧”这件事上留给我的遗产。

我爷爷为人正直，拾金不昧。我爷爷乐于助人，而且极其聪明，尽管他至死也认不得几个字，但对《三国演义》和《水浒传》，却能把故事讲个大概……但我还有另一个爷爷，不，那“另一个爷爷”还是他，依然是他，是他的过去，是“解放前”的他——尽管在我父亲、大伯和姥姥的讲述中，“另一个爷爷”已经得到了部分的美化。“另一个爷爷”是个赌徒、无赖、村上的混子，他好吃懒做、脾气暴躁、喜怒无常，时常因为赌运不济而在家里摔盆摔碗、和“第一个奶奶”吵架。我的“第一个奶奶”是上吊死的，她实在无法忍受那样饥寒交迫而又屈辱的生活，就在她死的那天，我的“另一个爷爷”在牌桌上输红了眼，当有人通知他我奶奶死亡的消息时，他还不肯……

谈及家风，我首先会想到我的爷爷，想到在我爷爷那里的复杂和多重——拾金不昧、乐于助人、勤劳肯干的是他，无赖、混子、好吃懒做的赌徒也曾是他，那么多不能调和和难以调和都在他的身上出现，虽然不属于同时。没错，我认识的更多是后来的爷爷，他已经不再脾气暴躁，已经勤劳肯干，已经乐于助人，而且戒掉了赌博。可他“戒掉”的后来又在我父亲和我四叔、大伯的身上出现了，他们对赌博显现出同样的迷恋，而我大伯家的大哥几乎可以算是“标准的赌徒”……“你大伯，真不该天天玩牌。他也不想想自己的亲娘是怎么死的！”我姥姥活着的时候曾这样感叹，当时，我父亲母亲正因为我父亲打麻将吵得不可开交。“门风啊……”姥姥说。她使用方言，不习惯用“家风”这个词。

从我爷爷那里开始，乐于助人、拾金不昧是家风，而迷恋于赌博、具备赌徒心态也应当属于我们的家风之一。我不承认我的说出是种诋毁，我父亲、大伯和四叔都承认，我们家“曾经阔过”，出过三个秀才，后来的败落就是因为赌博，偶尔还吸两口大烟……在海兴的许多年里，我也曾深陷于“赌博的激情”，一个自己在不停地劝诫但另一个自己却根本不受控制。勤劳肯干是我爷爷留下的家风，在某些时候，我自觉也属于那种勤劳肯干的人，但好吃懒做的基因也时时发作占据上风，最突出的表现就是我曾用整天整天的时间来玩网络游戏，临睡前才开始懊悔。

做一个君子，是我们家的家风，这点儿在我父亲的身上最为突出。他熟读《论语》，时常大谈“如果是君子，你该如何如何”“君子如何如何”……还要承认，我的母亲、姥姥和奶奶都参与了对父亲“君子形象”的塑造，有些时候她们把“一”说成了“三”。在一段很漫长的时间里，“如何能让自己像一个君子”是我思考的核心问题。

我学古诗，读《论语》《大学》，写繁体字，并在行为上恪守……对此，我的父亲嗤之以鼻：“清朝遗少！”——他很不屑我当时的做派，之后我进行调整，他却更加不屑起来。在我父亲那里，“君子”有他个人的尺度，这个尺度并不是以《论语》《大学》衡量的，这是我近几年才明白的事。我的父亲，从不讳言他曾经的“红卫兵”身份，不讳言他在“破四旧”运动中曾是一名闯将——在他那里，扬弃和继承也同时存在，甚至这个扬弃和继承都针对同一个事物、同一个观点。

现在，我不会再去思考“如何能让自己像一个君子”，但某种“君子”的诉求却坚固地存在着，成为内核，即使我试图将它击碎，可它还会悄然地恢复完整。我的自我行为约范较之同龄的人应当还算是多的，我对他人的礼让较之同龄的人应当还算是多的。当然，现在，我更多的是在内省，审视自己，认知自己内心里的天使也认知着内心里的魔鬼，认知着天使和魔鬼共同管辖的区域……并由此，试图认知我的父亲和我的爷爷，以及在他们那里的发生。

我的父亲母亲，教育我不许说谎，不能说谎，要诚实，然而在他和她的身上我也曾看到与他们宣称的相反的品质。我的父亲母亲，教育我要努力要奋斗，不要骄傲自满，可我的虚荣心还是时时会冒出头来，至少在我母亲的身上，我发现过类似的“虚荣”的种子。不用怀疑，我父亲身上也有，只是他掩藏得更深一些。我还把爱读书看成是我们的家风，虽然，这个家风在爷爷那里曾中断过，这个中断是因为家境不许可，——可能，这个家风还会遭到中断，和家境不存在任何的关系。

喜欢对孩子使用暴力，这是最让我羞愧的一点，然而，这是我的，是我们的家风之一。我小的时候曾反复对自己说，等我有了孩子，一定不……我的儿子二十多了，他记得，他记得的，和我有关的，竟然暴力的时间居多。接下来，我最恐惧的是，他也曾抵挡过，但等他有了孩子……

家风，得到延续的也许并不都是美和好、良和善，在这个家风里也延绵着另外的沉积，我想。我们谈论家风，在梳理那些正和直、美和好的同时，对那些另外的沉积也加以确认与梳理，似乎同样必要，我想。否则，我们只会沉陷于虚伪，我想。

师生讨论

作者的爷爷之前赌博成性，后来戒掉赌博，变得勤劳肯干、乐于助人，可为什么作者的父亲、四叔和大伯又开始迷恋赌博呢？

请试着用“庄稼与杂草”或其他的理论来解释。

家长采撷

家风，得到延续的也许并不都是美和好、良和善，在这个家风里也延绵着另外的沉积，我想。我们谈论家风，在梳理那些正和直、美和好的同时，对那些另外的沉积也加以确认与梳理，似乎同样必要。

请梳理自己的家风和父母身上的优缺点，这需要勇敢和睿智。然后有针对性地改变自己、教育孩子，最后和颜悦色地和父母交流一下吧。

学生体悟

作者也遗传了爷爷、父亲和叔伯的“赌博激情”，最突出的表现就是“曾用整天整天的时间来玩网络游戏，临睡前才开始懊悔”。

侥幸、投机和懒惰心理，会让人消沉和堕落。这时人们若不及时回头，极有可能会跌进万丈深渊。唯一的办法就是自律、自强、自信。

请阅读理解《孟子·离娄上》中的“自暴者不可与有言也，自弃者不可与有为也”和《弟子规》中的“勿自暴，勿自弃；圣与贤，可驯致”。

走近作者

李浩，男，1971年生于河北海兴。现为解放军艺术学院客座教授、沧州师范学院中文系客座教授、山东理工大学驻校作家。曾先后发表小说、诗歌、文学评论等400余篇。作品被《新华文摘》《名作欣赏》等各类选刊选载，或被译成英文、法文、日文、韩文、德文。曾获第四届鲁迅文学奖、第十二届庄重文文学奖、第三届蒲松龄文学奖、《人民文学》奖、《十月》文学奖、《滇池》文学奖、河北省文艺振兴奖等。著有小说集《谁生来是刺客》《侧面的镜子》《蓝试纸》《父亲树》《告密者》，评论集《阅读颂，虚构颂》，长篇小说《如归旅店》等。

读书唯高家风继

李子胜

1959年的初冬某日，一个饥肠辘辘的青年学生从一个叫芦台的小镇向渤海边的渔村走去。考取河北省立重点中学后，每周六，他都要步行40里路回家。在学校，吃完饭他一般不敢乱动，怕在等待下顿饭时饥饿感过早地袭来。他深知考上这所高中就能上大学，但胃中火烧火燎饥饿难当时，吃一顿饱饭的奢求变得那么的实实在在。

饥饿同样使他感受到了初冬的寒冷，感到了海边的家是那么遥远。走了多一半路时，天色暗淡下来。

离家不远时，他突然发现一条水沟“哗啦哗啦”水花四溅，他一阵狂喜。在海边长大经常打鱼摸虾的他知道这意味着什么。当时食物匮乏，连鱼儿都少见。他毫不犹豫，脱下棉衣下水，忍着如刀割般的冰冷，麻利地把十几条海鲇鱼甩上岸。满身泥水没法穿衣，他把书放在衣服里，用布书包装了鱼撒腿就往家跑。当家里人找回他丢在路上的棉衣、书时，他正浑身战栗着狼吞虎咽地吞吃着熬熟的鱼。

这顿饱饭使他得了严重的冻疮，却也着实使他满足了几天。但高一结束，赶快找份工作吃一顿饱饭的念头把他彻底说服了。背着老师、家人，他到粮食部门找了份工作。

这个学生就是我的父亲。父亲生前，总是和我讲起他作为一个渔民的儿子求学生活的艰辛。在那个年代，因不堪饥饿之苦而辍学并不稀罕。类似这样的故事，像在漆黑的寒夜中踽踽独行时路边偶遇的温暖的篝火，总是使我在求学路上懒惰懈怠时感受到一丝温暖和力量。

虽然求学之路坎坷，但父亲一直没有改变的，是对读书的热爱。

我出生于 20 世纪 70 年代，幼时的读书生活很贫乏，能读到的书，都是父亲从单位图书馆借来的，记忆中有《格林童话》《李自成》《三个火枪手》《约翰·克利斯朵夫》等，很多书看不懂，但因为没有别的文字可看，在几次放下后，我还会把书重新拿在手里。当别的伙伴们在假期的田野里尽情玩耍时，我比他们多了一份读书的快乐。

我是1988年考上大学的，少时的玩伴们，几乎都与大学无缘。记得我去报到的那个阴雨的早晨，全家人早早起来，父亲显得更为激动。当父亲喘着粗气把行李帮我扛上宿舍楼时，我不知道父亲心中想到没有，当年，他如果再苦忍一下，他也能读上大学，他也能徜徉在如花园般的大学校园中，与同龄人聊一聊形而上的话题。

因为父亲对读书的热爱，我深受影响，后来慢慢走上了写作的道路。很幸运，在父亲活着的时候，他读过我写的书。

我儿子出生时，他看到的世界已然很精彩了，刚刚五周岁，就拥有了大量启蒙读物。

孩子最初接触的两个家庭——姥姥家、爷爷家，都有很好的读书学习的氛围。四位老人脾气平和、慈爱，特别是孩子的奶奶，在孩子三岁前，总是抱着孩子看画报、讲画报。我记得每天下班，孩子和我们团聚时，总是提着画报让我们给他讲画报里的故事，每翻开一页，他就能一字不错地“读出”图画下面的说明文字，这让我们做父母的感觉很惊奇，很惊喜。

孩子的早期记忆，会决定孩子以后的兴趣、性情，这些看似平淡、平常的生活经历，我总觉得对孩子的成长极有意义。

到后来，孩子的每次进步，每次取得的好成绩，都是四位老人快乐的源泉；老人们幸福的肯定，老人们欣喜的期待，都是孩子进步的最好的奖赏和动力。

2006 年，他以优异的成绩考入天津市级重点中学，十三岁就开始了寄宿学校的学习生活。每次周末回家，去看望爷爷奶奶时，他总要痴迷地翻看爷爷在病床上最爱读的报纸——《参考消息》；而爷爷知道孙子每周都要来看望他，就会把一周的报纸都整理好，给孙子留着。久病的爷爷总是会发音含糊地和孙子攀谈，每每看到孙子学期末的成绩单，老人都会幸福得老泪纵横。然后，还会没完没了地说些鼓励孩子学习的话。

2011 年 8 月，父亲溘然离世。仅仅间隔一年后，他的孙子参加了北京大学的保送生考试，顺利被北大外国语学院录取。

我很感慨，从父亲开始，以读书营造的家风简单、实在，却让我和我的孩子受益良多。我想，热爱读书的人，一定会用善良、博大、宽容的眼光看待生命，这也是我和孩子可以心无旁骛，淡看得失荣辱，潜心书海，获得更多快乐的性格基础吧。

师生讨论

因为父亲对读书的热爱，我深受影响，后来慢慢走上了写作的道路。很幸运，在父亲活着的时候，他读过我写的书。

当别的伙伴们在假期的田野里尽情玩耍时，我比他们多了一份读书的快乐。

1. 作者是否因为父亲热爱读书的缘故而成了作家？如果他也像其他小伙伴一样在假期里只知玩耍还会成为作家吗？

2. 为什么作者说父亲活着的时候读过他的书是一种幸运，这样算是孝敬父母吗？

家长采撷

孩子最初接触的两个家庭——姥姥家、爷爷家，都有很好的读书学习的氛围。四位老人脾气平和、慈爱，特别是孩子的奶奶，在孩子三岁前，总是抱着孩子看画报、讲画报。

到后来，孩子的每次进步，每次取得的好成绩，都是四位老人快乐的源泉；老人们幸福的肯定，老人们欣喜的期待，都是孩子进步的最好的奖赏和动力。

任何一份成功都不是偶然的。作者的孩子考上天津市级重点中学，又被保送上了北京大学，您是否有所感悟呢？

学生体悟

热爱读书的人，一定会用善良、博大、宽容的眼光看待生命，这也是我和孩子可以心无旁骛，淡看得失荣辱，潜心书海，获得更多快乐的性格基础吧。

读书让人收获快乐。如果你觉得委屈了，愤怒了，或者想不开了，就可以从书中获取力量。

该如何读书呢？请深刻理解《弟子规》中的：“读书法，有三到；心眼口，信皆要。”

走近作者

李子胜，生于1970年，天津市滨海新区汉沽人。2000年开始写作，以小说、散文创作为主，曾获得全国小小说佳作奖、第二届“关注农民”梁斌文学奖。出版有作品集《告诉我你是谁》《擦亮你的眼睛》《对门是门》《1971年的夏天》，编著民俗类作品《水韵杨家泊》等。为天津作协签约作家，鲁迅文学院第二十二届高研班学员。

我姥姥是小脚老太太

胡月

我的奶奶和姥姥都是小脚女人，但看年龄却是两代人。爸爸和妈妈结婚的时候，奶奶年已古稀，姥姥还是中年。奶奶有八个儿女，爸爸是老八，是奶奶的老儿子，上有五个姐姐、两个哥哥。而妈妈是姥姥的独生女。

爸妈结婚前奶奶就对姥姥说，我的儿女多，老儿子就给你做养老女婿（倒插门女婿）吧！

姥姥当然高兴，但是她并没有直接表态。因为爷爷已经过世，爸爸的哥哥姐姐们都已成家，爸妈婚后就同奶奶一起生活，而我和哥哥就由姥姥“全托”。

由于相隔不远，只有百米之遥，所以两家来

往甚密。姥姥是个勤快人，除了忙家务，还用手工给奶奶做大襟的衣裳，缝小脚的鞋，有好吃的就给奶奶送去，奶奶不想做饭了，就到姥姥家搭伙。那个时候的奶奶可高兴了，逢人便夸她的好亲家。

后来，奶奶得了一场大病，行动不方便了，儿女们“轮流坐庄”。姥姥觉得太折腾自己的亲家母，于是就决定把奶奶接到自己身边一起生活。可是爸爸妈妈都在学校里工作，那时的学校，晚上仍是灯火通明，披星戴月工作的爸妈不仅无暇照顾我和哥哥，也无暇照顾奶奶。他们担心姥姥受累，姥姥就嘱咐说，你们别为家里事分心，要把工作干好。由于姥姥的担当，担任校长的爸爸连续十个除夕在学校值班，没在家里过，妈妈一心扑在工作上，被评为全省优秀教师。

后来，年龄愈长，疾病愈多，奶奶生活不能自理了。姥姥便成了全职护理员，喂奶奶吃饭，伺候她拉、尿。由于伺候得及时，屋内很少有异味。奶奶时常大肠干燥，姥姥就用手抠，帮助她排便。这让我们这些做儿女孙子的直系亲属十分感动，感动后是更多的尊敬。姥姥却从未邀功，从未喊累，从未嫌弃。

老邻居们说，没见过这样伺候亲家的，真是胜过亲儿女，这老太太简直太厚道了。新邻居们则会糊涂，这伺候人的怎么会是亲家？按理说不是女儿，就应是儿媳。

姥姥和奶奶这姐俩在一个家生活多年，直到奶奶去世，姥姥怀念。

我和姥姥在一起生活了四十年，四十年里姥姥颠着小脚看大了外孙、外孙女，又看大了重孙；姥姥颠着小脚给回家吃饭的孩子们做熟了一顿顿热腾腾的饭菜；姥姥颠着小脚给煤气还没入户的双职工邻居们烧好开水送进门……她的手也时刻不停，我直到上大学还穿着姥姥给做的棉袄、打的毛衣，盖着姥姥给做的棉被、夹被……

姥姥的小脚很累，磨了很多茧子，还长了鸡眼。她老了的时候，我要给她洗脚、剪指甲，她一直不让，就是自己洗脚的时候也总是背着人，我一直搞不懂。直到成人，我才明白，她是要强啊，不想让家里人看到自己的苦，不想让孩子们心疼自己。

姥姥已经过世几年，子欲养而亲不待的遗憾，让我时常泪眼模糊。可不知为何，想她的时候，眼前总是她开心、慈祥的模样。姥姥笑的样子走进我心、我梦；姥姥笑的声音，伴我上学、工作。姥姥的笑是鼓励，是督促，是祝福。

姥姥从没挣过钱，却一直当家，是真正的一家之主，但她从没有给自己买过一件首饰和像样的衣服。姥姥自然也不会有什么遗产，但她的慷慨、善良、厚道、无私与真诚成为我家最珍贵的遗产。我们守着它们，永不丢弃，静美相传。

师生讨论

作者的姥姥肩负起伺候亲家，也就是作者奶奶的任务，从而让她们这对无任何血缘关系的亲家姐妹看起来像母女一样，而且姥姥又极为耐心、周到，从未抱怨，从未邀功，从未喊累，从未嫌弃。姥姥为什么能做到这些？

家长采撷

在中国自古流行的儿女“轮流坐庄”的养老模式下，跳出一位不计得失、全心全意伺候亲家的小脚老太太，听起来是个“奇闻”，但这里隐藏着中国传统文化中伟大而独有的“善”。作为儿女，您能毫无怨言地孝敬伺候父母吗？

学生体悟

（姥姥的）慷慨、善良、厚道、无私与真诚成为我家最珍贵的遗产。我们守着它们，永不丢弃，静美相传。

我们或许可以获得一切，但如果没有“慷慨、善良、厚道、无私与真诚”，等于一切都没获得。我们或许可以失去一切，但决不能失去“慷慨、善良、厚道、无私与真诚”，若失去，等于一切都不在。

走近作者

胡月，天津广播电视台播音指导、“小说广播”副总监、天津师范大学特聘教授、《微国学》演播人。《听听月瑟——胡月朗诵专辑》深得“月迷”喜欢。

人生就像一碗面

周子昔

自古独子难养，独子难教。虽然不免心怀妇人之仁，但我对独子一直比较“狠”。孩子自会走路始，必须自己跌倒自己爬起；自两岁半上幼儿园起，自己的书包必须自己背；自小学起，外出旅游时自觉背最大最沉的包；上中学时，曾用自行车驮着买回一袋25公斤的面粉……自能做事起，自己做的事必须自己承担后果。

今生只得一子，年满十八，已然身在异乡为学子。我虽然舍不得，却也放手放心放飞，是雄鹰注定要飞翔，好男儿应该志在四方。

父母是孩子的第一任老师，家庭是孩子的人生起点。我不敢说自己是个好老师，也没有能力为孩子的人生涂抹上富贵荣华的底色，能给孩子的，也仅是一古老对联：忠厚传家远，诗书继世长。

千里之外种相思，孩子想天津，想滨海，想家，最思念小区南门外诺通拉面馆里的一碗面。孩子虽小，话却老道，说人生不过一碗面。于他而言，小小的拉面馆，承载着剪不断理还乱的乡愁。放假归来，孩子拽上我，直奔家门口的诺通拉面馆。先给我点一碗牛肉面，再给自己要上一个牛肉拉面套餐、一只肉夹馍，然后和我相对坐到靠墙临窗的老位子，等着服务员喊我们的订单号。

就像小时候一样，孩子小心翼翼地端着托盘，一步一步从取餐台走向我们的餐桌。他自幼早熟，小小年纪就担起一个家庭里男子汉该挑的担子，把买米买面买油这些需要力气的“大事儿”都包办了。在饭馆里，点餐取餐他更是一向大包大揽，从不肯让我费心劳力。放下餐盘，孩子先把我的面端给我，双手递给我筷子和勺子，他知道我胃不好，吃饭前一定要先用勺喝几口汤。尽管已经被眼前的面馋得两眼放出狼一样的光芒，孩子却竭力克制着自己的欲望，等待着我下筷子。

自从小学时读过《弟子规》后，孩子就坚持

吃饭时让长辈先下第一筷子。有时一桌大小十几口，别的孩子们早已抢着喊着闹着伸手去抓最爱吃的菜，他也仍皱着眉头，等着长辈尝过一口之后，再下筷子。我开始很不以为然，不理解他跟自己家里人为何要这样装模作样，更不明白，一个小孩子，为啥要与自己的本性较劲，有时还不免幸灾乐祸地想：看你能装多久？！

没想到，这小子竟能一直“装”下去。给长辈送东西必须双手送上，递给我剪刀时手柄向我刀尖冲着自己，言必称“您”……

后来渐渐习惯了，依旧觉得他有装好人之嫌。我为人处世惯于随心任性，最烦弄虚作假的人和事，自然看不惯他的做作。后来，孩子渐渐长大了，经常替我跑腿儿办事儿，被我的朋友们夸赞懂礼貌、有规矩，我才觉出《弟子规》的好处。我最好的朋友说，这孩子不随你，没有怪脾气！

隔着丝丝缕缕的热气，看着他把一碟牛肉倒入面碗，举箸挑起一大绺面送入口中，呼地一口吞下，顿时满脸的满足和惬意。连吃几大口后，孩子终于喘出一口长气：“哦，这面，还是那个味儿！”

孩子自幼喜爱读书，我便一直陪着他读；喜欢历史，我也一直在陪他读史。正经的大事没记住多少，经不起考据的小笑话却偏偏记得牢。陪着孩子坐在熟悉的小店里边吃边聊，幸福和快乐就像背景音乐一样在身边飘来飘去。

我不敢说是好老师，却敢说是个好玩伴。一起陪着孩子玩着长大，孩子小时，我陪他去逛天津博物馆、美术馆、图书馆，去鼓楼、古文化街，吃百年面道的大厨精心制作的“随便什么面”……孩子长大后，他带着我去逛中国国家博物馆、国家图书馆，去逛南锣鼓巷，排长队买两个文宇双皮奶，一人一个，我坐着，他站着，幸福地享受生活的味道。

自己这辈子活得就像野草一般，春夏绿，秋冬黄。不违背自然规律，也不忘关照自己内心。虽旧衫、素食，自觉清白、坦然。人生就像一碗面，孩子不一定要像我，但希望他说人话儿，干人事儿，有人样儿，从而能够品尝到面中真滋味。

师生讨论

作者说“人生就像一碗面”，希望孩子“说人话儿，干人事儿，有人样儿，从而能够品尝到面中真滋味”。请理解作者的意思，列举生活里什么是“说人话儿，干人事儿，有人样儿”。

家长采撷

孩子自幼喜爱读书，我便一直陪着他读；喜欢历史，我也一直在陪他读史。

我不敢说是好老师，却敢说是个好玩伴。一起陪着孩子玩着长大，孩子小时，我陪他去逛天津博物馆、美术馆、图书馆，去鼓楼、古文化街……

一个能陪孩子玩、陪孩子读书的家长，我们真的要给她“点赞”了。您是孩了的好“玩伴”吗？

学生体悟

“放下餐盘，孩子先把我的面端给我，双手递给我筷子和勺子”，这就是《弟子规》里说的“长者先，幼者后”吧？

“他知道我胃不好，吃饭前一定要先用勺喝几口汤。”

你知道父母身上的疾病有哪些吗？请阅读理解《论语·为政》中的："子曰：'父母唯其疾之忧。'"

走近作者

周子昔，女，河北人。中国报告文学学会会员，天津作协会员。政工师，现任企业报记者、杂志编辑。

孩子，有些东西不属于你

周海亮

我在始发站上了公共汽车，坐到最后一排。在我的后面，紧跟着上来一对母女。

妈妈三十多岁，戴着无框眼镜。女儿五六岁模样，怀里紧抱着一只毛绒玩具。那时车厢里尚有部分空座，可是小女孩瞅瞅那些空座，然后坚定地指指我，对她的妈妈说："我要坐那里。"

我愣住了。

女人抱歉地冲我笑笑。她低下头，对小女孩说："咱们去那边靠窗的位置坐吧。"

"不，我要坐那里！"小女孩再一次指指我。

我不知道小女孩为什么非要坐到我的位置上。但我知道现在，她与妈妈犟上了。任女人如何哄她，她就是站在那里，不肯随女人去坐。她不去坐，女人也不去，两个人站在狭窄的过道里，任很多人用异样的目光将她们打量。

我想现在，小女孩想要的并非是这个座位，而是一种满足。习惯性的满足，有理或者无理要求的满足。或许绝大多数时，她的这种满足都可以在家里得到，在她的妈妈那里得到。

问题是，现在，她并不是在家里。

“你应该向我要这个座位，而不是你的妈妈。”终于，我忍不住了，提醒她说。

小女孩似乎没有听到我的话。她看着妈妈，拽着妈妈的手，说：“我要坐那里。我要坐那里。”

“那你们过来坐吧。”我说，“你和你妈妈挤一挤，或者你妈妈抱着你……”虽然我并不想惯着她，可是我实在不忍看到女人尴尬的模样。

“不！”她说，“我不要和妈妈一起坐！我要一个人坐！”

这就太过分了。或者说，对她的妈妈来说，这已经远非胡搅蛮缠，而是威胁了。

我告诉小女孩，她乘公共汽车是免费的，她的妈妈并没有为她花一分钱。既然是免费，公共汽车上就并没有给她准备座位。现在我把座位让给她，她应该把座位让给妈妈。或者，就算她花了钱，就算她有一个座位，有老人或者孕妇上来，她也应该给他们让座。现在，全社会都在做这样的事情。

“我要坐那个座位！”小女孩对我的话充耳不闻。她一门心思缠着她的妈妈。

我想起一个词：教养。

那天，直到终点，我也没有给她让座。我始终坐得安安稳稳，再也没有与小女孩说一句话。而她则始终站在我的面前，拽着妈妈的手，每隔一会儿，就要说一遍“我要坐那个座位”。

可是，没有用。她的要求在今天、在这辆汽车上、在我的面前，注定不会得到满足。

车上的人们看着我，看着她，看着她的妈妈，目光里，各样情绪都有。但不管如何，我想，大概没有人觉得这个小女孩可怜，也没有人觉得我应该把座位让给她。

那天我必须拒绝她。不仅要用语言，还要用行动。我想告诉这个小女孩，这世上，有些东西并不属于她。不属于她的东西，并非她撒撒娇，或者威胁唯一可以对她没有立场和底线的妈妈，就可以得到的。

小女孩终会长大。但愿长大后她会明白，世界不是她家的客厅，别人的东西不是她怀里的毛绒玩具，别人也绝非她的妈妈。

这是世间最为简单的道理。

师生讨论

1. 小女孩为什么倔强而无礼地向妈妈要一个“无所谓”的座位?

2. 直到终点站，小女孩都拽着妈妈的手，每隔一会儿，就缠着妈妈说一遍“我要坐那个座位”，可是却没有人觉得小女孩“可怜”，为什么?

家长采撷

我们似乎习惯了孩子为了索要什么东西而撒娇或使性子后，家长就给予满足。但您知道这是一种温柔的伤害吗?孩子终究要自己到社会上去成长。

学生体悟

世界不是自家的客厅，别人的东西也不是我们怀里的毛绒玩具，别人也绝非自己可以威胁的、对自己没有立场和底线的妈妈。不是吗？

请阅读理解《荀子·天论》中的：“君子敬其在己者，而不慕其在天者，是以日进也；小人错其在己者，而慕其在天者，是以日退也。”

大意是：君子慎重对待那些取决于自己的事，而不羡慕那些取决于上天的东西，他们因此每天进步；小人丢下那些取决于自己的事情，却指望那些取决于上天的东西，他们因此每天退步。

走近作者

周海亮，体制外职业作家，现居山东威海。小说作品散见于《大家》《芙蓉》《山花》《青年文学》《山东文学》《飞天》《长城》《鸭绿江》《四川文学》《雨花》《小说月刊》《读者》《中国青年报》《台湾日报》等，有多篇作品被《小说选刊》《中篇小说月报》《中篇小说选刊》《作品与争鸣》《小小说选刊》《微型小说选刊》《读者》等转载。在国内多家报刊开有个人专栏，出版有长篇小说《浅婚》等近30部作品。

传 承

韩丽敏

杂志上的故事。

一个小男孩和一个小女孩玩耍。小男孩收集了很多石头，小女孩有很多的糖果，小男孩想用所有的石头与小女孩的糖果做个交换，小女孩同意了。

小男孩偷偷地把最大和最好看的石头藏了起来，把剩下的给了小女孩；而小女孩则如她允诺的那样，把所有的糖果都给了小男孩。

那天晚上，小女孩睡得很香，而小男孩却彻夜难眠，他始终在想，小女孩是不是也跟他一样，藏起了很多糖果……

在微信中转发了，但结尾进行了处理，隐去了小男孩的真实想法，故事讲到“小男孩却彻夜难眠”处，戛然止笔。

便引来朋友圈中好友们对小男孩“彻夜难眠”的种种猜想，有意思的是，绝大多数人认为小男孩是因了愧疚才彻夜难眠。

尽管我们当下所处的是一个浮躁的时代，但人们内心深处最为美好的初衷、最为朴素的情怀、最为善良的本性，并没有因世风日下而改变，他们依然用真诚和善意，去解读人理解人。

读着那些留言，心底不由发出一问，这，得益于什么？答案很肯定，所有一切，得益于中华五千年传统文化绵延不断的传承。

两个小朋友虽小，一个小故事虽小，小到只不过是两个小屁孩，一把散糖果，几块破石头。然而，折射出的却是孩子所受的不同家教。从两个孩子身上看到的，是他们的家长为人处世的态度，抑或叫家风的东西。人们常说，家长是孩子成长过程中的第一任老师，家长的言行，会对孩子的日常行为产生一定的定式影响，应该是不争的事实。很难想象，一对常为他人着想、对他人信任有加的父母，培养出的孩子会自私自利；同样难以想象，一对凡事只考虑个人得失的父母，教育出的子女能够对他人怀有宽容之心。

生活中，不论对同事、朋友，还是亲人，都应予以起码的信任。倘不如此，便生怀疑。疑人者痛苦，被疑者烦愁。

我们当然不能指责小男孩的做法不对，一些事情，不能用对错来评判，有时候道德的力量在社会关系中显得更具魅力。就一个人而言，这种道德力量必然来自于良好的家风；怎样处事如何为人，必然跟其家风有关联。

五千年中华历史，造就了光辉灿烂、宝孕光含的文化，一大批德行敦厚的先贤，在这样的文化渊薮中，开创了绵延恒久、恩泽后世的家风，如陆游、曾国藩、林则徐、鲁迅、钱玄同，等等。这些古今先贤先修身后齐家再治国家的思想理念，使我们现在想起来，都不禁一咏三叹。而他们的家风所体现的教化之作用，更是居功至伟。

上述想法发到朋友圈，引来众人近乎一致的共鸣，心里倍感欢悦。向真，向善，向美，永远向前。只要真善美呈主流态势，只要中华传统的优秀文明在承传，那么，人必高尚，家必绵久，国必昌盛。

师生讨论

藏起两块石头的小男孩彻夜难眠，他在想，“小女孩是不是也跟他一样，藏起了很多糖果……”

1. 本来是自己偷偷藏了石头，小女孩以诚相待，小男孩为什么还会有这样的想法？

2. 作者朋友圈中的绝大多数好友对小男孩“彻夜难眠”的猜想竟然是“认为小男孩是因了愧疚才彻夜难眠”。这又是为什么？

家长采撷

作者认为，一把散糖果、几块破石头，却折射出孩子所受的不同家教。

作为家长，您同意作者的观点吗？

从两个孩子身上看到的，是他们的家长为人处世的态度，抑或叫家风的东西。

您传给孩子的家风是什么？

学生体悟

生活中，不论对同事、朋友，还是亲人，都应予以起码的信任。倘不如此，便生怀疑。疑人者痛苦，被疑者烦愁。

请阅读理解宋代欧阳修的名句：“任人之道，要在不疑。宁可艰于择人，不可轻任而不信。”

走近作者

韩丽敏，解放军总参某杂志社记者、编辑。解放军艺术学院全军文学创作高研班学员，鲁迅文学院第十八届中青年作家高研班学员，中国作家协会会员。著有长篇小说《浓睡不消醉》《将军楼》《七九河开》。其中，《七九河开》入选2011年度中国作家协会重点扶持作品。

一双旧鞋子

李金荣

去年冬天，一个飘雪的下午，我家来了一个陌生的青年，手里还提着一盒点心，说是代表他的父亲来看望我的母亲。

青年的造访唤起了我和母亲对他父亲的一些早已有些淡忘的记忆。

十年前，也是这样一个飘雪的下午，我和母亲正在外间屋聊天，院外传来敲门声，那声音在雪花飞舞的静谧的午后显得格外响亮。

开门后，突现眼前的老人着实吓了我一跳。他消瘦、驼背、有些瑟缩的身躯裹在一件褪色的、脏兮兮的棉衣里，一缕白发从棉帽子里露出来，活脱脱一个白居易笔下的卖炭翁——满面尘灰烟火色，两鬓苍苍十指黑。

“闺女，你家买煤吗？”老人急切地问。

“不买了，今年的煤够烧的。”

我刚要关门，老人忽又转过身说：“闺女，我给你留个地址行吗？如果以后用煤，打声招呼，我给送来，价钱好商量。”

这时，母亲从屋里走出来，说：“外面冷，进屋喝杯热茶再走吧。”

“我，我的鞋……”老人有些迟疑地说。我下意识地把目光移到老人的脚上：一双棉鞋上满是泥巴，拇指露在外面，上面还顶着一小撮棉花，黑黑的。当他觉察到我在看时，拇指快速地向后缩进去。

“不碍事的，进来吧。”母亲说。

老人坐在炉火旁一边喝茶一边不自觉地和母亲拉起了家常。他的老伴长年瘫在床上。他有三个孩子，两个闺女都嫁人了，在乡下种地，日子不算宽裕。唯一的儿子在县城读中学，为了照顾儿子，老两口在县城租了一间小平房。他平日里什么活都干，脏累不怕，就盼着多挣点钱，供儿子读书，给老伴买药……听着老人的诉说，母亲为之动容，我联想到他“夜来城外一尺雪，晓驾炭车碾冰辙”的艰辛，悲悯之心也油然而生。

老人走时，母亲把家里的旧鞋子都翻腾出来，让老人挑双合脚的穿。当他看到小弟那双皮暖靴时，眼睛发亮，问母亲：“这双也可以吗？”母亲点点头。老人一屁股坐在地上，把脚上的鞋子脱下来，然后用手使劲把脚来回搓了几下，认真地穿上皮靴，在屋里笑着走了几步……

我和母亲从回忆中惊醒，不约而同地说：“噢！你就是那老人的儿子。你父亲还好吗？”

“父亲为了照顾母亲，后来不送煤了，在门口摆摊卖菜。一个月以前去世了，临终时嘱咐我，一定要来看看你们，他说你们是好人……”青年的眼睛湿润了，我和母亲的眼睛也湿润了。

对我来说，那天是不平凡的。青年走时，已是很晚了，我仍无睡意。照顾母亲睡下后，我独自一人坐在客厅里，不禁注视着茶几上的那盒点心，老人和他的儿子在我的脑海里重复出现，我心中百感交集。我没想到，一双旧鞋子也会感动一个人，也会温暖一颗心，也会让人铭记一生。

师生讨论

1. 对于一个陌生的卖煤老人，作者的母亲为何邀请他“进屋喝杯热茶再走吧”？

2. 母亲不但邀请老人进屋喝茶，还送了老人一双鞋子，这是为什么？

3. 若我们遇到这类事情，会如何处理？

家长采撷

我没想到，一双旧鞋子也会感动一个人，也会温暖一颗心，也会让人铭记一生。

善良，有时其实就是一些小事。比如，一个微笑、一个眼神、一份鼓励、一份爱心。还比如，如果我们丢的垃圾里有碎玻璃、大头针、刀片等，请用胶带把它们缠裹一下，并尽量多缠几层，这样就降低了保洁人员或者捡垃圾者被伤害的概率……

学生体悟

整篇文章中洋溢着感恩的情怀，为了一双旧鞋子，老人竟然在临终时嘱咐儿子来“报恩”，实在值得我们钦佩与学习。现实生活里，你需要感恩的人是谁呢？请列举三到五个吧。并阅读理解《曾国藩家书》中的：“勿以小恶弃人大美，勿以小怨忘人大恩。”

走近作者

李金荣，中国作家协会会员，天津作协文学院签约作家，鲁迅文学院第十八届中青年作家高研班学员。出版散文集《有一扇窗为你打开》《此岸风月》等。

珍贵的瓷器

迟静辉

当我想说家风的时候，会下意识地使自己端庄，并回到古老。

而脑子里蹦出的一个画面却是：金星在她的综艺节目里故作正经地问周迅："你的家风是什么？"全场观众和主持人、嘉宾都笑作一团。

当然，他们笑的不是家风，而是一种假正经。

当一种正经的事物以一种假正经的姿势被重新提起，还真是令人心中五味杂陈。似乎我们已不谈家风好多年，洋洋大观的21世纪，新事物层出不穷，我们不怕迷了眼，只怕追不上，一不小心就被别人说out了。虽说家风一直都在。

想起一副对联："数百年旧家无非积德，第

一件好事还是读书。”想想当年把这副对联用毛笔工工整整地写在红纸上，再把它们端端正正地贴在大门上的人家，该是多么淳朴、典雅。如果再配上小桥流水和古道西风瘦马，那就是一幅浓淡相宜的水墨画了。多么中国。

我想门上贴了这样一副对联的人家，一定是宽厚的、仁慈的、知书达理的。就连路过的人，抬头看见这样一句话，也是会生出欢喜心的，他会想我今天路过了一户好人家。这便是家风吧，或者说是一个家族的信仰，寥寥数语，把人一生应遵守的道德准则和价值观都囊括了。文化有时真是这样，并不用大张旗鼓，也不用唠唠叨叨，只是祖辈上传下来的几个字、一句话，便已会意。

可惜的是我们对于传统总是有些背弃，我们更喜欢集体卖萌、集体青春期或更年期。家风是什么？好像一个故纸堆，好像祖母或外祖母身上的对襟上衣，保守有余，而活泼不足。但，就像一个作家在寻求他的理想读者一样，我们也在寻求一个理想社会、理想的人。传统的东西有时像血脉，是打断骨头连着筋的因缘，看着已经苍白了，却不是一张纸，还是一块肉，还会在某个不经意的时刻软一下、疼一下。比如当我们看到今日急功近利的人群，会想到过去的人心多么单纯、平和；当我们看到一个相亲对象装扮成时下成功人士的样子，也会觉得悲哀，因为我们心底期待的永远不是这些。

其实我们永远渴慕那些真实的、质朴的东西，来源于我们血脉里的东西。

其实当我们看到一个人，就是看到了他的家风，是良善还是钻营，是落落大方还是小家子气，是贵族还是暴发户。

而我们的社风、民风更是在此基础上，形成的一个大气场。它的理想氛围应该是和谐的，包容的，文明的，充满人文关怀和正能量的。人们都自觉地去维护秩序，而不是破坏秩序。人们尊重他人或事物本身，而不是尊重金钱、权位及其衍生品。

显然，现实的秋千还无法够到理想的天空。

但其实家风犹在，诸如礼、孝、忠、信、义、温、良、恭、俭、让等等美好的，令中华民族的血脉得以绵延数千年的词语都在，可是我们却离“文明古国”“礼仪之邦”的美誉越来越远。到底是什么让我们背离了传统？难道真的是因为所谓的国际化？

也许，我们只是一群离开家太久的孩子，我们任性、贪玩，我们在21世纪的路上跑得太疾，无暇回头，慢慢忘了回头。而传统的八仙桌就摆在那儿，糖果也备在那儿，所有物什并没有离开它的家园一寸。阳光从窗格子上漏下来，我们看到岁月如金。

渐渐地，我们会长大，习惯端庄，不习惯戏谑，我们会想起祖祖辈辈在这片土地上流下的汗水、创造的荣光，他们和土地一样，不善言辞，唯有怀抱深沉。

把家风这件珍贵的瓷器重新领回吧，擦亮它，吻它，让它像个真正的宝贝，让它的光芒映照在我们的脸上和内心，使我们更像一个富有的人。

师生讨论

1. 谈论家风本来是件平常事，为什么金星问演员周迅这个话题时，“全场观众和主持人、嘉宾都笑作一团”？

2. 作者为什么叹息“文明古国”“礼仪之邦”的美誉离我们越来越远？

家长采撷

把家风这件珍贵的瓷器重新领回吧，擦亮它，吻它，让它像个真正的宝贝，让它的光芒映照在我们的脸上和内心，使我们更像一个富有的人。

我们若把“家风”当作珍贵的瓷器，甚至看得比珍贵的瓷器还珍贵，夫妻间相处得会不好吗，子女教育得会不好吗？

学生体悟

其实当我们看到一个人，就是看到了他的家风，是良善还是钻营，是落落大方还是小家子气，是贵族还是暴发户。

你光荣，家就光荣；你羞耻，家就羞耻；你平庸，家就平庸；你豁达，家就豁达。让自己有修养，应是对家最好的贡献、对父母最好的孝敬了。

请阅读理解《孟子·离娄上》中的名句：“天下之本在国，国之本在家，家之本在身。”

走近作者

迟静辉，女，70后，延边作家协会会员，鲁迅文学院第二十届高研班学员，现居吉林延吉。

耕读岁月长

周淑艳

我爷爷的一生都在乡下度过，躬耕垄亩，荷锄阡陌，活到92岁。他勤劳、坚韧如家中的老牛，甘于稼穑的苦累。屋里老墙柜的西北角有一些老旧的、竖版排字的书靠墙而立，爷爷晴耕雨读，忙耕闲读，乐在其中。

爷爷的田种得漂亮。农作时他从不与人闲谈，全神贯注于每一锄每一耙，精耕细作，悉心打理每一寸土地。他的田里畦垄平整、笔直，甚至每一棵秧苗的行距、株距都犹如尺子丈量过般精确。庄稼懂得这份用心，长得绿油油、翠生生，茁壮饱满，像铺在大地上的一幅油画。

爷爷少时读过私塾，写得一手好字，打得一

手好算盘。耕作之余，爷爷就翻看那些老书。几十年了，那些书泛着陈年的气息。我想爷爷早已将这些书倒背如流，老人家只是享受与书相伴的感觉吧。至今我也记不清那些布满繁体字的都是什么书，但对爷爷专注看书的样子却印象深刻，像与知己故交互诉平生。

农闲时，爷爷教孙辈念古书，《三字经》《百家姓》《千字文》，家中并没有这些书，这些书都装在爷爷的脑子里，爷爷一句一句口授。堂弟贪玩，不肯用功，爷爷便责罚他。夏天中午，让他站在树荫下大声背《百家姓》，他背到“索咸籍赖　卓蔺屠蒙”就说什么也背不下去了。跟他一起玩儿的孩子都姓张王李赵，哪听说过这么古怪的姓氏。堂弟背得辛苦极了，可爷爷沉着一张脸，谁也不敢说情。

每年春节前，爷爷都净手静心，为各家各户写春联，横竖撇捺，一丝不苟，用工整的楷书、庄重的隶书写下对来年的祝福和希冀。爷爷不曾读万卷书，也不曾行万里路，年复一年耕种那几亩田地，年复一年读那几本书，年复一年写那几副春联。在耕读中恪守传统，信奉纲常。古之有志者借耕读图大志，身居陋室，心怀天下。爷爷或许没有怀天下、济苍生之志，想来也没有陶渊明“采菊东篱下，悠然见南山”之趣，但他确是在耕读中找到了精神的家园。

父亲当兵退役后在县城上班，是吃“商品粮”的工人，母亲在村里种地、照顾老小。有工人的家庭在乡下是很令人羡慕的，但我父亲这个工人却对土地表现出无比的热情，每个周末回家都要先去地里转转，干起农活儿格外卖力，似乎要把对土地一周的亏欠都补回来。乡亲笑他：“我们都巴不得脱离这庄稼地，你出去了还往地里扑。”

我们兄妹都参加工作后，父亲提前办理了退休，回乡耕种母亲的田地。前些年，哥哥一直主张将地承包出去，父亲说：“等我死了再说。”庄稼、蔬菜一茬茬生生落落，父亲在侍弄中白了头发，深了皱纹。当父亲对繁重的庄稼活儿力不从心时，哥哥在工作之余，不声不响来到田间浇水、施肥、打药、收获，那背影像极了父亲。

父亲也是爱书的，也尽力给子女创造读书的条件。20世纪80年代，身边的伙伴们顶多看过几本小人书，我家里却每月都有《故事会》和《大众电影》光顾。当乡下的孩子眼光只在脚步所及的范围内时，我却能骄傲地说出一大串儿外国影星的名字，伙伴们惊讶极了，我得意极了。退休后的父亲一日不曾离开过书报。年岁大了，记忆力减退，即使读后面忘前面他也没放下过。他的书柜里五花八门什么书都有，我家在村子里若有一些与众不同，便是多了这些书吧。

父亲对民间文化情有独钟，村里有踩高跷的传统，锣鼓家什响了三百多年，近年老高跷艺人不断凋零，年轻人又无暇无兴趣传承，父亲担心这一民间艺术断绝，除积极组织艺人训练、演出、带徒外，还奔赴河北、北京等地寻根觅踪，对这一派高跷的起源发展、历代传承、年代间隔、高跷歌词、角色招式、队列排布等资料进行了系统的收集和整理，留下了数万言的文字记载。

老朋友手书联语送给父亲:“自喜轩窗无俗韵，亦知草木有真香。”他悬挂在老屋的北墙上，这该是父亲内心的写照吧。而我，是多么愿意在这炊烟升腾、鸡鸣狗吠的地方，在这麦浪翻滚、果蔬压枝的地方接过祖辈、父辈手中的书继续读下去啊。

师生讨论

1. 在农村，把田地耕种好就是农民的本分了，可爷爷为什么还要让孩子们学习、背诵《三字经》《百家姓》《千字文》?

2. 在纷繁复杂的社会里，众人大多在追求钱、权、名、利，而作者却“多么愿意在这炊烟升腾、鸡鸣狗吠的地方，在这麦浪翻滚、果蔬压枝的地方接过祖辈、父辈手中的书继续读下去啊”。

作者为什么会有这种追求？可结合《论语·宪问》中的“子曰：‘古之学者为己，今之学者为人。’”来讨论。

家长采撷

爷爷或许没有怀天下、济苍生之志，想来也没有陶渊明“采菊东篱下，悠然见南山”之趣，但他确是在耕读中找到了精神的家园。

我们显然看得出作者爷爷内心的安宁，而这份内心安宁的源头便是“精神家园”了。在忙碌的社会里，读几部经典之书，或许可以让我们找到一个灵魂安放的地方。

学生体悟

“自喜轩窗无俗韵，亦知草木有真香。”这是清代词人朱彝（yí）尊的名句，大意为：欣喜于自家简洁明爽的轩窗，闲情逸趣，雅致静心，知道真正的美丽和香味来自于花草树木、天地自然。

这是一份淡雅清远的心境，实在值得现代人品读与学习。

走近作者

周淑艳，女，70年代生人，笔名欣菲。天津市作协会员，天津市武清区作家协会副主席，《运河》副主编。有诗歌、散文、小说、报告文学见诸报刊。

我是张扒皮

张建云

1

很长时间了，妻子每晚10点读书，读《论语》。孩子们见妈妈读书，便不好意思再看电视，纷纷回房间做自己的事。

我是个得寸进尺的人，那日召开家庭会议，中心议题为新增家规一条：妈妈读书声起，家里电视关闭。会议虽然胜利闭幕，也是不欢而散。

想用读书来充实思想，打扮生活，最好走入生命。不能肯定长大后的孩子是否做到手不释卷，但最起码会在明天，后天，明年，后年，或者很多年以后触发读书，感谢读书。最起码不反对读书，不漠视读书，和同学、朋友聊天会有个值得欣慰的话题：我爸妈是个读书人。

其实，我和妻子本不是读书人，都是耕田人。农民出身的家庭没有读书气氛，没有读书传承，不过是误打误撞读了书，爱上书，服了书。

特喜欢晴耕雨读这词儿，再有人陪读，人生太美妙。

2

每日创作，坚持4年了，有1000多篇文章出炉。现在看起来是个成绩，又有出版社找出书，又有电台电视台约访，也有成千上万读者关怀呵护。最早目的很纯粹：锻炼自己，影响孩子。

前些年受过打击，儿子一边抹眼泪，一边横眉立目与我说，什么破《论语》，我同学根本没人读！

一直有个自以为是的口号：管不了中国教育，还管不了自己俩孩子？看儿子如此表现，当时就蒙了：我真管不了自己孩子。家里有读书的阻力，家外有不读书的张力，谁愿意读这“破书”！

暗下决心，从做个读书的、写作的、有毅力的，还负责的爸爸开始。成了好爸爸，就成了好丈夫，成了好丈夫，就成了好儿子，成了好儿子，就成了别人的好朋友，成了好朋友，便有组织、功名向你垂青。

为影响孩子，却成就了自己。万紫千红看不见，无心插柳却成荫，一心只读圣贤书。读书真神奇。

特喜欢那句话：数百年旧家无非积德，第一件好事还是读书。

3

如今生活，最亲的不是家人，最密的不是恋人，最好的不是友人，而是手机。因为手机可以充当家人、恋人和友人。虽然能充当，却不与你亲，不与你密，也不与你好。这就出问题了，我们对手机是一厢情愿。看似每日玩手机，实际总被手机玩。

于是，把手机写进了家规，即“手机四不原则”：一、不带进卧室；二、不带进书房；三、不带进厕所；四、与人谈话，尽量不摸手机。

真是件困难事。爱一个人可以疼，可以溺，可以宠，可以怜，就是不能严厉。你若严厉，她便远离；即使盛开，她也不来。冒着举家之大不韪，执行手机四条禁令。两年的时间，嬉笑怒骂，恩威并施，终成“手机四不”。

4

孩子上小学时，要求其课桌“不超四”，即睡觉后，学习前，课桌上不超过四样东西。你说了，他听了，又忘了。忘了再说，说了又忘。这不明摆着叫板吗？于是，重拳出击，以奇制胜。

那次，夜里12点叫孩子起床。孩子迷迷糊糊问，起床干什么？把桌子收拾成“不超四”！明天再收拾？不行！孩子紧皱眉头，无可奈何，迅速起床，闭眼收拾，倒头又睡。次日，又忘了。凌晨1点，叫俩家伙起床。干吗？收拾桌子！

如今儿子与女儿均已长大，便没有强烈要求“不超四”，见其杂乱，偶尔叮咛，也迅速调整。我想，他们心里会有，以后会知。这周扒皮似的爸爸本不是周扒皮。周扒皮剥削长工是为自己，当然，我也是为自己，为自己儿子和女儿有个好习惯，有个好生活。叫我张扒皮吧。

师生讨论

作者是个严厉且慈爱的父亲，为何有“爱一个人可以疼，可以溺，可以宠，可以怜，就是不能严厉”的论断？请结合《论语·宪问》中的“爱之，能勿劳乎？忠焉，能勿诲乎？”讨论。

家长采撷

“手机四不原则”：一、不带进卧室；二、不带进书房；三、不带进厕所；四、与人谈话，尽量不摸手机。

与手机适当分离是素养，但还要从家长开始哟！

学生体悟

“数百年旧家无非积德，第一件好事还是读书”是清末民初出版家张元济的经典名句。一个人或一个家庭，将读书与积德当作家风，便是修身、齐家的最好法宝了。

走近作者

张建云，男，天津人，70后。作家，国学学者，“微国学”创始人，中国作协会员。被誉为“用国学解读生活，用生活诠释国学”的人。作为国内为数不多的原创微信平台，其“微国学”微信公众号有10万粉丝之多。作品有：《论语的力量》《张建云说·微生活》《解读弟子规》《写给孔子的信》《中国人的良心》《微国学》《微国学进校园》《高贵的安宁》《老子的旷达生活》《中国家风》《问学弟子规》等。

阅读的魔力

孙瑜

上小学的时候，每每溜入父亲的书房，我就像进了“阿里巴巴”的宝库，觉得每本书都在书柜里闪烁着诱人的光芒。我总会趁父亲不注意，悄悄藏一本在衣襟下，夹回房间细细品读。父亲是位优秀的儿童文学作家，勤奋刻苦，对子女管教很严，并不赞成我过早涉猎大量的课外闲书，担心影响学业。待父亲发觉我已着了魔似的无法抑制读书的冲动时，便单独开放给我一个书柜，里面摆满了他精心挑选的适合青少年阅读的各类书籍。

当时的我拿到书柜的钥匙后，兴奋极了，仿佛捡着了“芝麻开门”的密钥！但父亲严肃地对我讲了一番话，至今犹在耳畔："读书一定要有所挑选，书的品质非常重要，读适合自己的好书如得良友，读不好的书也像交不好的朋友一样，可能会伤害到你。"

从那以后，我所有的课余时间几乎都是在这个书柜旁度过的。随着年龄的不断增长，我阅读的范围逐渐延展至整个书房，父亲珍藏的那些古今中外各类书籍，真的变成了金光闪闪的知识宝库，那一本本厚薄不等的书，统统变成了通往创作之路的奠基石，直至我终于成长为一名职业作家，那些宝贵的书籍仍然相伴我的左右，并且，一直在更新和丰富。

时光荏苒。慢慢地，我也开始有了自己的书房。慢慢地，我的书房里也有了一位爱看书的小姑娘——我的女儿惠子。这位爱看书的小姑娘五岁起便有了自己的小书架，后来又增至三个小书柜，里面都是惠子喜爱的、适合她这个年龄段阅读的各类图书。如今，八岁多的惠子已经自由创作了近百篇作品，有诗歌、散文和童话；并且，也已经嗜书如命，甚至连吃饭和睡觉都离不开书的陪伴。惠子在她的诗歌《书》中这样写道：

一本好书会是你的良师益友，
也是不会说话的老师，
还可以是能随时随地为你解答问题的教授。
一本好书，有时成为诗人写诗的灵感，
又能感受书中的美，和给你启发。
所以好书就像是日常生活中随处可见的灵感之泉。
我们要跟书做好朋友，
不能损坏它，也不能砸它、摔它，
让我们跟书做好朋友吧！
让我们与书共度一生吧！

看到八岁的女儿已经对书籍产生了这样的情感，我真的深感欣慰。一个酷爱读书的人，无论今后从事什么样的职业，无论处于生活的顺境还是逆境，都不会孤独，都能在阅读中静下心来，从书中看到远方，寻找到希望！

我感激父亲，不光是因为父亲留给我众多的好书，关键是父亲培养了我良好的读书习惯，使我很早便感受到了阅读的魔力。大师们的作品在我幼小的心灵中扎根，诗人们的佳句在我青春的血管内流动，并在我后来的创作中逐渐焕发出耀眼的神采。如今，这阅读的魔力已通过我传到了女儿的身上，在一代代的传承中延续着“勤奋苦读”的家风。

我始终记着父亲曾经说过的一句话——“一个人读多少书是写在脸上的”。正所谓“腹有诗书气自华”。读书的益处无穷无尽。古人云，书犹药也，善读之可以医愚。不吃饭则饥，不读书则愚。读书可以使人做出理智的判断，不为蝇头小利而动，不为艰难险阻所困，踏踏实实地走好人生的每一步，做一个勤奋、诚信、品质高洁的人。

中华民族有着悠久的历史和灿烂的文化，把“读书”定为家风，是不少家族的优秀传统和行为准则。“处世无如为善乐，传家唯有读书高。”晚清重臣曾国藩，敦促家人每日坚持学习，并多次为全家拟订严格的学习计划，把读书与劳动作为家风的重要组成部分。

以诗、书、画三绝闻名于世的郑板桥曾以竹入联写道：“咬完几句有用书，可充饮食；养成数竿新生竹，直似儿孙。”以此教育儿孙要勤读好书，做人要像竹子一样虚心有节、刚直不阿。

“虎门销烟”的民族英雄林则徐也十分重视家教，他曾写道：“子孙若如我，留钱做什么？贤而多财，则损其志；子孙不如我，留钱做什么？愚而多财，益增其过。”林则徐因病辞官回乡后生活俭朴，但要求子孙勤学苦读，处处言传身教，时时督促教导，乡亲们无不称赞他是做人的楷模。

书籍是人类进步的阶梯。高尔基的这句名言，形象地说明了书籍对推进人类文明的作用。一个爱读书的人，必定是一个素质较高的人；一个爱读书的民族，也必定是一个文化素质较高的民族。缺少书香浸润的家风一定会底气不足，难以对民风、政风和社会风气产生正面和积极影响。

修身，齐家，才能治国、平天下。让我们每个人都从爱书和读书做起，日复一日，年复一年，阅读的魔力终将使你对自己刮目相看。

师生讨论

作者为什么说“一个爱读书的人，必定是一个素质较高的人；一个爱读书的民族，也必定是一个文化素质较高的民族”？

家长采撷

待父亲发觉我已着了魔似的无法抑制读书的冲动时，便单独开放给我一个书柜，里面摆满了他精心挑选的适合青少年阅读的各类书籍。

有心的父母，倾心为孩子打造书柜；无心的父母，专心为孩子打造衣柜。

学生体悟

一个酷爱读书的人，无论今后从事什么样的职业，无论处于生活的顺境还是逆境，都不会孤独，都能在阅读中静下心来，从书中看到远方，寻找到希望！

每个人都想走到远方，实现心中梦想。而读书，是行路时最好的伙伴。

走近作者

孙瑜，女，生于20世纪70年代，籍贯江苏淮安，现居郑州。中国作协会员。河南省文学院签约作家，新浪网签约作家，鲁迅文学院第二十届高研班学员。曾获河南省第四届文学艺术优秀成果青年鼓励奖，河南省“文鼎中原”长篇小说精品工程优秀作品奖。在《中国作家》《北京文学》《小说月报·原创版》等刊物发表长篇、中篇、短篇小说多部，并数次被《中篇小说选刊》《小说月报精品集》等选载。已出版长篇小说《空心床》及数部中篇小说集。

爷爷的“礼物”

纪红建

19年前，我18岁。

那个初冬，一个阳光温煦的午后，穿上军装的我与故乡挥手道别时，爷爷悄悄塞给我一张纸条，并在我耳边小声说，伢子，你长大了，要保家卫国了，爷爷送你三条做人“要诀”，切记，切记。

当亲人与故乡在蒙眬的视线中彻底消失时，我才打开爷爷的“礼物”：听首长的话，团结战友，努力工作，争取入党，谨记口稳、手稳、身稳的祖训。

爷爷只上过几个月的私塾，勉强能认些字，写的字也是歪歪扭扭的。实话说，当时青春年少、涉世未深的我，对爷爷送的“礼物”并没有太在意，对爷爷说的“三稳”也没有多么深刻的体会。

其实，从我记事开始，爷爷总会时不时地跟我们后辈说，在外面千万不能乱说人家，不是自己的东西不能拿……小时候，我不太理解，也不太爱听，为什么爷爷总是说这些呢？是不是爷爷老实胆小，怕得罪人呀？甚至在心底里有点瞧不起爷爷，嫌他没闯劲，没出息。

在我随后十多年的当兵岁月中，不管是在书信上，还是我回家探亲时，爷爷总是一如既往地提醒我要谨记“三稳”的祖训。爷爷持之以恒的教诲，加之自己一步步走向社会的深处，使我渐渐明白了“三稳”的意义与价值。

其实爷爷所说的口稳，就是说话要谦虚谨慎、有理有据、有礼有节，不能无根据地随意在背后说人家，更不能无端猜疑，引起事端，做人要正派；手稳，就是君子爱财，要取之有道，不是自己的东西千万不能要，要干干净净做人；身稳，就是要洁身自爱，清清白白做人。

虽然我也曾跟风，人云亦云，哗众取宠，甚至伤害过人家，也曾在金钱和美色的诱惑下蠢蠢欲动，差点做出违背良心的事情，但最终，我还是牢记了爷爷送给我的“三稳”祖训，并基本做到言行一致。

前几年，我从部队转业回到了家乡，在一家省直单位工作，做行政，也业余写作。离家近了，回家的次数也就多了，与爷爷聊天时话题还是少不了“三稳”。爷爷老了，说话的声音小了，但我却感觉分量越来越重了。

前段时间，又与爷爷小叙。一直关注时政的爷爷叹了口气，对我说：你看看，那么多高官因为贪污腐败、生活作风问题栽倒，都是口不稳、手不稳、身不稳啊！没有良好的家风，要做个好官，难哪！伢子，不论你是工作，还是写作和生活，定要切切谨记“三稳”。

回到家，我又重新整理自己的思绪。我想，爷爷的“三稳”不同样适用于我的创作吗？世界观是人生的方向盘和指南针，代表着一个作家的价值向度和精神高度。作为一名作家，不仅要敢于仗义执言，更要有坚定的政治立场和严格的道德自律。尤其在社会风气不好的情况下，更不能人云亦云、哗众取宠，而要以客观的、辩证的、分析的、唯物的、理性的态度和方法去结构、去描述、去创作。这不就是爷爷所说的口稳吗？……

爷爷一辈子恪守“三稳”就是最鲜活的例子。风烛之年的他，物质上并不富有，但他的精神与灵魂却站成了一棵备受远近乡邻赞赏的青松。爷爷传给我的“传家宝”，不一定会让我升官发财，却让我心灵坦坦荡荡，做人堂堂正正。

有些年轻人总是羡慕他人的权贵或财富，其实那真的没什么可羡慕的，好家风好家训才是一种渗透到骨子里和灵魂深处的传家宝，它不一定会带来高官厚禄，但肯定会让自己幸福祥和。

师生讨论

1. 当爷爷再次与作者谈起“三稳”时，作者为什么说“爷爷老了，说话的声音小了，但我却感觉分量越来越重了”？

2. 爷爷说：“那么多高官因为贪污腐败、生活作风问题栽倒，都是口不稳、手不稳、身不稳啊！”你同意这样的观点吗？请在生活中找出例证。

家长采撷

爷爷一辈子恪守"三稳"就是最鲜活的例子。风烛之年的他，物质上并不富有，但他的精神与灵魂却站成了一棵备受远近乡邻赞赏的青松。爷爷传给我的"传家宝"，不一定会让我升官发财，却让我心灵坦坦荡荡，做人堂堂正正。

爷爷的精神和灵魂令人肃然起敬，试问：您的"传家宝"是什么？

学生体悟

口稳，就是说话要谦虚谨慎、有理有据、有礼有节，不能无根据地随意在背后说人家，更不能无端猜疑，引起事端，做人要正派；手稳，就是君子爱财，要取之有道，不是自己的东西千万不能要，要干干净净做人；身稳，就是要洁身自爱，清清白白做人。

生长在"口稳、手稳、身稳"的"三稳"之家实在是幸运。这"三稳"甚至是一条为人、处事、经商和从政的金科玉律。这就是人们所说的"德行"吧。

走近作者

纪红建，湖南长沙人，报告文学作家，中国作家协会会员。已出版《哑巴红军》《中国御林军》等长篇报告文学近20部，在《中国作家》等期刊发表长、中、短篇报告文学百余万字。曾获解放军文艺奖、《中国作家》鄂尔多斯文学奖、“希望杯”中国文学创作新人奖、湖南省青年文学奖等。

共同呵护着那一盏古老的灯

包苞

从妈妈的乳汁起航，温热的涓涓细流，点亮了家风的灯。

第一次试牙，我咬疼了妈妈的乳头，妈妈用她温暖的乳房，捂住了我的脸。在一阵窒息中，我松开了口。妈妈微笑着说，宝宝出新牙了，咬疼妈妈了。我第一次知道，咬人会疼的。

第一次挨巴掌，是我打哭了邻家小妹。妈妈没有问缘由，打了我的屁股。她的理由是，妹妹比我小，我应该好好照看她、让着她、护着她才对。

第一次挨笤帚，是我拿了爷爷的钱。妈妈找来笤帚，狠狠地打了我。这一次她打得狠，自己也哭了。她一边搂着我哭一边说，偷东西的错很严重，会毁了一个人的一生。

第一次被扇耳光，是在我不好好读书时。妈妈声色俱厉地说：只有知识，才能让你活得更加体面。

成长中，我是一头小兽，记住了每一次疼，并在日后努力避免这些会给我带来疼痛的行为。

第一次觉得美好，是听妈妈给我讲的那些故事。报恩、救赎、爱情、励志……这些抽象的词，在妈妈的讲述中，像淡淡的月光，变得鲜活起来，变得可以效仿。一生，我都在受用。

第一次感知孝心，是在爸爸妈妈对爷爷、奶奶的生活关爱中。每一顿专门做给老人的饭菜，都是一次孝心的现身说法。记得有一次，爸爸说话不注意，得罪了太爷爷。太爷爷摔了自己的水烟瓶，并拒绝吃饭。爸爸感到自己错了，捡起摔在地上的水烟瓶，跪下来，双手捧着水烟瓶举过头，请求太爷爷原谅。这一切，我惊愕地看着，并记住了孝心不能轻慢。

第一次感知担当，是妈妈带着村上的妇女去医院做妇科疾病普查。那一次，医院查出了好多人潜在的疾患，救了许多人的命。作为当时的村主任和后来的村支书，妈妈还带头在村里创建了企业，修建了学校，硬化了路面，修筑了河堤。每一次看到她疲倦却喜悦的神情，我暗暗地在心里把妈妈当成了我的偶像。

第一次感知胸怀，是邻村素昧平生的人来告艰难，妈妈当即给他们买了米面。此后，无数次接济贫弱，妈妈从来不去想是否有回报或者收回借出去的钱财。还有一次，妈妈的厂子里被盗了。被偷去的是一个半导体和一个半新的毛毯。很快就有人告诉妈妈是谁偷了我们的东西。但妈妈没有报案，也没有去责怪，而是央人给他们送去了一袋子面粉和二百块钱。我惊诧地问为什么，妈妈说，揭不开锅时才会去偷。在妈妈的一生中，她在方圆几十里的地界上，用自己的良善呵护着我们的家风。我渐渐被感染，并接受。

家风是温暖，家风是给予，家风也是挺起腰杆自强不息。

艰难的日子里，为了生计，爸爸骑着单车，每天穿行在往返几十公里的山路上。每一分钱，都是汗水的凝结。每一次成功，都是看不见的修为在支撑。无数个黄昏，爸爸用单车驮着妈妈回家，幸福就是他们拉长在大地上的身影。

当我们渐渐长成，爸爸妈妈又教会我们怎样去拼搏，去奋斗。我们每一次小小的成功，他们都会比我们还要高兴。

家风，是人的一生中引路的红灯笼。

我从妈妈的血液和乳汁中接过来的家风，必将也交给我的孩子。

我挺起腰杆行世，一半靠的是在天堂的亲人的光，一半是我自己。

我呵护着那微弱，但温暖的光，我也要照亮我的孩子们前进的方向。

师生讨论

作者在文中讲到了“八个第一次”：第一次试牙、第一次挨巴掌、第一次挨笤帚、第一次被扇耳光和第一次觉得美好、第一次感知孝心、第一次感知担当、第一次感知胸怀。请分别讨论作者每个“第一次”的感受和你的学习体会。

家长采撷

“八个第一次”，让作者感知到家风的温暖和力量，并让自己成熟。您也为孩子塑造“八个第一次”吧！

学生体悟

家风是温暖，家风是给予，家风也是挺起腰杆自强不息。

家风不单是父母给儿女温暖，同时也是儿女给父母温暖；家风不仅是父母对儿女付出与给予，同时也包括儿女对父母的付出与给予。这才是一家人的“挺起腰杆自强不息”。你做到了吗？

走近作者

包苞，本名马包强，1971年生，甘肃礼县人。中国作家协会会员。鲁迅文学院第二十届高研班学员。2007年参加诗刊社第二十三届斋堂青春诗会。曾出版诗集《有一只鸟的名字叫火》《汗水在金子上歌唱》《田野上的枝形烛台》《低处的光阴》《我喜欢的路上没有人》等。

几十枚脏兮兮的土鸡蛋

李桂杰

1

父母在天津老家，我们在北京小家。因孩子上小学，母亲时常来京帮助我们。因此家里的大事小情母亲最了解，都听她安排。

那天孩子刚放学，不知为何，客厅的灯突然瘪了。我爬到凳子上伸手摸半天，也不知如何更换，竟然连灯罩都卸不下来。

黑灯瞎火，如何是好？此刻，母亲发话，赶紧去请门口修鞋的老陶。

老陶是安徽人，在小区门口摆一个修鞋配钥匙的小摊。母亲去过几次，一来二去地和他熟悉了。

老陶50来岁，带着70岁高龄的老母在北京打拼，脸上饱经沧桑，活却干得漂亮。母亲赌定了他能修理灯泡，刚好家中厕所灯也坏了半年了，老母说，干脆一起修。

老陶来了。三下五除二卸下客厅灯罩，圆形灯管，大圈套小圈，是两个。又去厕所把坏的照明灯也拆了下来。说别急，我马上回家取，回来再告诉您多少钱。

母亲说他肯定是跑出去买了。老陶马不停蹄地赶回，拿了四个灯管，说不小心打碎一个。母亲马上说，一块算账吧。

换灯是小事，却很费事。吊顶捅开，拆修电路。灯终于亮，天已经黑。老陶累得满脸是汗。母亲这当口已经给老陶做了一碗面，放俩鸡蛋，让他趁热吃下去。

四个灯管100元，我又给80块工钱，老陶高兴地走了。母亲问，给了多少钱？我说80。母亲即刻训斥，给得太少。赶紧去追，再给人家送70！我说不少啊！你不懂事，这是技术活，拆开就要过百，俩灯干半天，耽误手艺人时间。最少150！

心里不落忍的总是妈。三个灯，按四个结账。看不过干小工辛苦，面汤卧鸡蛋，劝人家趁热吃。这本平常。就连送快递的、收水费的、看大门的、负责停车收费以及受人欺负的弱者，她都会给人家倒杯热水，说句暖话，行力所能及之方便。母亲说，做多大事也要善待小人物，别忘本呀。

2

奶奶活了一百岁才去世，是村上红白喜事的司仪，特受村民待见。她年轻时，村里来个王姓姑娘，分地、盖房受本地村民的欺负。奶奶站出来给人家撑腰。看姑娘善良、无助，还认了干闺女，那家人对奶奶“李娘李娘”地叫个不停。看奶奶的面儿上，那家人在村里生活得很好，后来那家的儿子做生意发财了，也常常来家里看望奶奶，两家人走动至今。

奶奶帮助过的很多人，传奇故事一大堆。最奇特的是，一个姑娘看上一个家境贫寒的小伙儿，姑娘父母不同意，硬给姑娘找了一户人家。办喜事的第一天，嫁妆都已经送到了男方家里，奶奶愣是找到男方父母，力陈婚事不妥，另一方面又巧妙安排女方和自己相中的小伙见面。最后的结果是，第二天婚礼宣布取消，女孩嫁给了先前看上的小伙，两个人一起幸福生活半辈子，没有红过一次脸，将奶奶奉为天人。

同情弱者，理解别人，往往是和侠肝义胆联系在一起的。

奶奶的这些优良品德，都遗传给了父亲。父母家的茶几上常年摆着糖和水果，来个收水费的，父母也会热情地给人抓一把糖；送快递的来了，夏天送上一瓶清凉饮料，那也是常有的事情。最邪乎的是父亲还帮助陌生人解决上学的问题。

以前住的小区有一个收废品的，他知道父亲在教育口工作，一次特意上门找到父亲，说自己的孩子想在区里的学校借读，不知该怎么办，想上的学校也不知该去找谁，请父亲务必帮忙给疏通下。父亲一听心软了，问你怎么知道我在教育口工作？那人说，这小区的人都喊您李老师啊！别人家卖的废品都是酒瓶子之类，只有您家卖的都是书刊。您一看就是文化人！几句话把父亲逗笑了。后来，父亲亲自给那家小学的校长打电话，问清楚了外来暂住人口办理借读的手续，并转告给了那位收废品的人。由于父亲的帮助，他的孩子当年得以顺利入学。

3

有时候，我常常思索，家风是什么，父母给予我们的教育是什么？为人母之后，我才深刻地感受到，家风其实是一种无言的教育，不用挂在嘴上，关键是父母的言行品格，那些才是融入子女成长过程的建材。

著名作家罗兰说过：生命不是一个可以孤立成长的个体。它一面成长，一面收集沿途的繁花茂叶。它又似一架灵敏的摄像机，沿途摄入所闻所见。每一分每一寸的日常小事，都是织造人格的纤维。——诚然。

那年春节，家里门被敲开了。是老陶。手里拎着一个塑料袋，里面装了几十枚土鸡蛋，都用报纸包裹着，打开一看，那些鸡蛋上有的带着凝结的血块，有的还有泥印。老陶说春节回趟老家，没什么送给你妈的，这是家里的土鸡蛋，请一定收下。

我瞬时无语，心被感动。

师生讨论

1. 老陶为作者家换灯，为什么母亲不但多给钱还给人家做鸡蛋面？

2. 有道是“宁拆十座庙，不破一桩婚”。文中说姑娘办喜事的第一天，嫁妆都已经送到了男方家里，奶奶愣是将马上要举办的婚礼“调解”取消了。奶奶为何要这样做？

3. 那年春节，老陶从很远的老家农村为作者母亲送来几十枚脏兮兮的土鸡蛋。现在谁家也不缺鸡蛋，老陶此举是否有些多余？

家长采撷

家风其实是一种无言的教育，不用挂在嘴上，关键是父母的言行品格，那些才是融入子女成长过程的建材。

果子酸了，要在树根上找原因。您的“无言教育”还在吗？

学生体悟

著名作家罗兰说：生命不是一个可以孤立成长的个体。它一面成长，一面收集沿途的繁花茂叶。它又似一架灵敏的摄像机，沿途摄入所闻所见。每一分每一寸的日常小事，都是织造人格的纤维。

希望你也像一架灵敏的摄像机，一边成长，一边收集人生旅途中的善良、淳朴和担当。然后，用心灵把日常小事织造成优秀人格的纤维。

走近作者

李桂杰，常用笔名桂杰，中国诗歌学会会员、天津作协会员，诗人、记者。供职于中国青年报社。出版诗集《忽然天蓝》《流星的冬》《对视月光》，新闻随笔《不会尘封的记忆——百姓生活30年》荣获2009年湖南省“五个一”工程图书类作品奖。“中国式养育”的育儿理念作品《好宝宝妈妈自己教》，受到大批网友追捧，一经出版即在市场上热销。

惜福的人有福气

顾晓蕊

那天清晨，母亲像往常一样去市场上买菜。回家路上，她拎着一捆捆沾着露水的鲜灵蔬菜，走着走着，只觉路面似波浪般变得不平起来。又走了几步，眼前一黑，“扑通”一声倒在地上。

路边晨练的人围上来，有的慌忙掐人中，有的急忙打电话叫救护车。待我们赶到医院时，母亲刚苏醒过来。医生一脸凝重地说，太危险了，还好抢救及时，是心脏出了问题，建议住院做手术……躺在病床上的母亲脸色仍显苍白，扯出一抹笑意说：“可真是好福气！”我听后湿了眼眶，知道她所说的“福气”，是指倒了有人扶，再就是这病搁在过去可能没得治，如今算是赶上好时代了。

母亲已70多岁，在我记忆里听得最多的就是她说这句话，这几乎成了她的口头禅。院墙上打碗花开了，笑闹着爬满篱笆；大花猫生了一窝仔，是五个可爱的“小绒球”……母亲都会感叹，可真是好福气！母亲还常说，要节俭惜福。早年间听了这话，我很有些不在乎，可后来发生的一件事，却改变了我的想法。

那时我在外地读高中，周末的一天，母亲坐车来学校看我。赶上午饭时间，母亲说她下车后在路边吃了碗面，可还是跟着我去了食堂，说是想看看学校伙食。我买了份豆芽菜加馒头，刚吃了一口，便“呸”地吐到地上。“这菜这么咸，让人怎么吃嘛！”我气咻咻地嘟哝着，跑去找烧菜的师傅，他嘴里道歉，却不同意退菜。我赌气地把菜倒进泔水桶，跑到另一个窗口，买了两个韭菜馅饼。两个馅饼很快进了肚，我打了个饱嗝，看了眼被冷落一旁的馒头，随手将它扔到地上。

静默地坐在旁边的母亲，目光撵着骨碌碌滚到桌下的馒头。只见她艰难地半蹲下腰，钻到桌子底下捡起馒头，拍掉上面沾着的脏灰，说：“扔了可惜，留着我晚饭时吃。”见有同学朝这边张望，我觉得尴尬极了，蹙起眉头，不满地劝道：“脏了，不能吃了。”母亲一改平日的温和，面带愠色地说：“菜咸一点就倒了，馒头不吃完就扔掉，这多浪费！师傅们做饭很辛苦，你扔掉的是福气。”听了母亲的话，我虽心有不服，也不好再说什么了。

回宿舍的路上，母亲问起我的学习及跟同学的相处情况。我委屈地倒起苦水，说宿舍里有位女孩嫉妒心强，为人刻薄，看我成绩好，经常话里带刺。母亲听了脱口说：“真是好福气呢。”我迷惑又吃惊地望向母亲。她又说：“有人嫉妒你，是因为你走在了前面，同时呢，也提醒你不要有骄气。”那段时间我的确有些飘飘然，母亲的一番话，使我从浮躁中沉静下来。

在其后的岁月里，尽管生活时有波澜，我也还能安然面对，这要感谢母亲的教诲。只有初小文化的母亲，如何修得这等好心态？我把疑问抛给母亲，她跟我讲起久远的过往。

母亲说，外祖父家祖上是做生意的，积下些家业，曾富庶一方。外祖父读过几年私塾，后来家道中落，加上年景不佳，他逃过荒，要过饭，流落到一座幽僻的小山村，在那里遇到外祖母，他们靠着种菜卖菜，养育五子三女。八个半大的儿女，八张等着吃饭的嘴，可以想见生活的艰难。母亲说，即便如此，外祖父也向来面容清净，神色不慌，从未听他抱怨过什么。他说要“常将有日思无日”，正因时时“思无日”，家里虽不宽绰，倒还过得去。他还让八个儿女都进了学堂，有的读完小学、初中，还有两个舅舅读到高中，全识文知礼，这在当时的乡下是不多见的。

外祖父一生操劳困顿，却心怀敞亮，用母亲的话形容——心里宽阔得能跑得了马车。在他看来，惜福的人，都是有福的人。他因此熬过岁月，活到 95 岁高龄。母亲在无形中传承家训门风，俭朴惜福。今已古稀之年的母亲眉眼慈祥，头发黑亮，总是很欢喜的模样。熟识的人都说她想得开，看得透，无论怎样困窘的日子，她都能活出一团喜气来。

对于生命中的苍凉寒冬，生气是内耗，除了徒添无谓的烦恼，于事于己皆无增益。倒不如踏着光阴的碎影，一路行走，一路捡拾随手可得的欢喜。说不定走着走着，花就开了呢。

师生讨论

1. 作者的母亲心脏病突发，倒在路边，差点就有生命危险，为什么母亲苏醒过来后还在病床上扯出一抹笑意说："可真是好福气"？

2. 作者的室友"嫉妒心强，为人刻薄"，为什么母亲还说作者"真是好福气"？

家长采撷

对于生命中的苍凉寒冬，生气是内耗，除了徒添无谓的烦恼，于事于己皆无增益。倒不如踏着光阴的碎影，一路行走，一路捡拾随手可得的欢喜。说不定走着走着，花就开了呢。

实际上，我们走与不走花都要开，只不过是我们脚步匆匆而忽视了花什么时候开。生活里不是缺少花开，而是我们缺少欣赏花开的心境。

学生体悟

菜咸一点就倒了，馒头不吃完就扔掉，这多浪费！师傅们做饭很辛苦，你扔掉的是福气。

明明扔掉的是饭菜，作者母亲为什么说“扔掉的是福气”呢？

请阅读理解《朱子家训》中的警句：“一粥一饭，当思来处不易；半丝半缕，恒念物力维艰。”

走近作者

顾晓蕊，中国电力作家协会会员，河南省作家协会会员，全国中考、高考热点作家，鲁迅文学院第二十二届中青年作家高级研讨班学员。《读者》《特别关注》等杂志签约作家。文章散见于《青年文学》《散文选刊》《山东文学》《延河》《佛山文艺》《读者文摘（美国）》《读者》等刊物，曾在十余家期刊开设专栏，百余篇文章被收入全国各类丛书，多篇文章被选做全国中考或高考语文试卷阅读材料。曾获冰心儿童图书奖等奖项。出版散文集《你比月光更温暖》。

尊重内心

梅驿

一次，回老家，看到母亲正在收拾东西。一只不知从哪儿翻出来的箱子，装的全是我们上学读书时拿到的奖状，我的、弟弟的、妹妹的，小学的、初中的……

母亲一边收拾一边感叹，你们小时候学习都好，都知道上进，这一转眼，都参加工作了！我蹲下来，看母亲用粗糙的手把那些奖状一点点抚平。我们住在老家的时候，这些奖状都是贴在墙上的，那整整一面墙，让这些奖状一照，满眼都是红彤彤的。这些，曾经惹来多少乡亲们的羡慕啊！那时候，乡亲们都说，我们这样的家庭，是要出文曲星的。每当听到这样的话，我的父母总是笑得合不拢嘴。

说起来，父母虽然是庄稼人，但都读过书。父亲还是完小毕业，这在 20 世纪五六十年代的农村，是不常见的。往上推三四代，我的祖爷爷曾经是秀才，到现在，家里还有他们遗留下来的书籍，在一个松木匣子里放着，因年代久远了，书页发黄、脆薄，已不敢轻易翻动。

我们上了学后，学习成绩都不错，经常拿到奖状。大约有这些奖状做支撑，一生贫穷的父亲在亲戚朋友面前，也有了底气。记得我刚上三年级，父亲便让我给远方的姨妈写信。通常是在夜晚，我坐在一张八仙桌前，父亲为我拨亮煤油灯，我歪歪扭扭一笔一画地写着，写地里的庄稼，写院里的鸡鸭，写我和弟弟又拿到了几个奖状……

大专毕业后，我进了一家大型国企，在一个车间当操作工。这样的工作，与我的理想相比，简直一个天上一个地下。一年后，公司秘书科招人，我参加了考试，学中文的我总排名第一，然而到结果公布那天，我傻了眼——被招走的不是我。

我哭着回了家。父亲安慰我，好孩子，别灰心，是金子总会发光的，你知道上进，总有一天会成功的。后来，我果真成功了——半年后，公司成立了质量管理部，我应聘成功，成为一名坐办公室的“白领”。在那个有着上千人的国企，我这个普通的大专生能有这么一份待遇，也算让人羡慕了。

事实上，虽然这份工作跟我学的专业一点都不搭边，但要强的我还是干出了些名堂，几年后，我成了全公司第一位质量工程师，业务水平在全公司拔尖。这个时候，恰好质量管理部副经理外调，公司领导找我谈话，让我出任副经理。听到这个消息，我一下子就愣了。因为早在一年前，我就迷上了写小说。回家问父亲，父亲想了想说，人是要上进的。我打断他，说，我想写小说。父亲怔了怔，说，好。你要是想好了，就按自己的想法去做。想写小说就写小说。第二天，我找到公司领导，表达了我的想法。所有的人都认为我傻透了，我舍弃了升职、高薪，更重要的是，我把自己在质量管理方面十多年的付出，全部付诸了流水。但我并不后悔，之后，安心做一名小职员，八小时之外写小说。几年后，我调离了那家企业，成了当地文联的一名干部，专心写起了小说。

去年，父亲生病去世了。想他这一生给我的教益，一是崇尚知识，另一点就是上进。他常说，一个人要是不知道上进，就跟畜生没什么区别。

而最重要的一条，我认为还是尊重，尊重自己的内心，按自己的想法去生活。我想，这些应当是一个普通农村家庭所产生的一种豁达的人生态度，也算是家风吧，我愿意把这样的家风带给我的后代，让他们能够拥有更美好的人生。

师生讨论

作者的母亲为什么用旧箱子收藏着孩子们上学时期的奖状,而且还“用粗糙的手把那些奖状一点点抚平”？请联系《孝经》中的句子“身体发肤，受之父母，不敢毁伤，孝之始也；立身行道，扬名于后世，以显父母，孝之终也”来讨论并发表个人见解。

公司秘书科招人，作者考试总排名第一，可结果公布后作者却得知被招走的竟然是别人。生活中这样的事情屡见不鲜。这种事情如果发生在你身上,你应如何面对？请联系《论语·里仁》中的：“子曰：‘不患无位，患所以立；不患莫己知，求为可知也。’”来讨论和发表见解。

家长采撷

当公司准备提拔作者出任部门副经理时，父亲本想鼓励作者一把，没想到作者却放弃了升职、高薪的诱惑写小说去了。作为家长，您会支持孩子类似的选择吗？

学生体悟

作者的父亲说：“一个人要是不知道上进，就跟畜生没什么区别。”体悟一下什么是上进。

想别人不敢想的，做别人不敢做的，突破自己，是一种上进。

每天早晨睁开眼睛，深吸一口气，给自己一个微笑，然后说：“在这美妙的一天，我又要获得多少知识啊！”也是一种上进。

“不要为这个世界而惊叹，要让这个世界为你而惊叹！”也是一种上进。

走近作者

梅驿，原名王梅芳，女，1976年出生，河北人。河北文学院签约作家，中国作家协会会员，鲁迅文学院第二十届高研班学员。多部中短篇小说刊于《十月》《花城》《北京文学》《百花洲》等，有作品被《小说选刊》《中篇小说选刊》转载或收入年选，出版中短篇小说集《脸红是种病》。

师如父，乃家风

孙阳

爸妈给的是小家，单位给的是大家，祖国给的是国家。所说家国情怀，应是三家联动，缺一不美。

《孝经》说，人在世上，好好生活，努力工作，有所建树，遵循仁义道德，在岗位上取得好成绩，让家人感到自豪，使父母显赫荣耀，这就是孝的最高境界了。

我从小是个听话孩子，长大后在播音主持专业取得了一些荣誉，于单位，于社会，虽然没有不可或缺，却处处让爸妈欣慰、自己开怀。谈不上夙夜奉公，可时常殚精竭虑。新闻事业，苟日新，又日新，日日新。半点马虎，一丝折扣，亦是大敌。

没人能随便成功。在攀登艺术高峰的过程中，我倾一生之力。

十七年话筒耕耘是天道，四十年事业艰辛乃酬勤。不能忘记我播音主持的开蒙老师关山先生。他是我艺术生涯的家长，如父关爱，是师解惑。

关山老师无数次教导，艺术来不得半点儿虚伪与骄傲，在听众面前，我们永远都是小学生。

最初听得，理解不深。我是学生，老师大名鼎鼎，影响了中国两代、数亿人之多，也是学生？

后来，在他身边工作，终于领悟老师的虚怀若谷。号称“活字典”的他竟然不耻下问。多小的记者，即便新入职的“菜鸟”，他都亲自试稿。那些久仰关山大名、期盼关山已久的孩子们，一下就见到心中偶像，而且是以播音员身份来试稿。幸福来得太突然，小记者们，先是手足无措，后是手舞足蹈。

都说关山严厉，我则认为不然。老师无非是达到一定学养，是不近人间琐碎的高贵罢了。没有接触过他的人，远远望去，犹如高山，高耸巍峨，略有威严。若到面前，便如同走近花香鸟语相伴的溪流，温和，清新，纯粹，可亲。听他的艺术论见，更多的是情理之中的认同追随和意料之外的醒豁。虽是侃侃而谈，却无一丝苟且，似悬崖峭壁之神圣而不可侵犯。忽想起，孔子学生对老师的评价，“子夏曰：君子有三变：望之俨然，即之也温，听其言也厉”。吾师关山，君子之风！

关山做人低调，但求事成，不事张扬。对工作十倍努力，对结果竟一分淡然。即便退休，于天津、北京、中国，乃是播音泰斗，却与妻子悠闲在家，读书，走路，旅游，养生。

前段时间，我去了趟无锡梅园，才解读出老师之做人姿态与人生境界。晚清名臣左宗棠题梅园经典名句：发上等愿，结中等缘，享下等福；择高处立，就平处坐，向宽处行。

这应是老师做人的写照吧。

关山高调做事。他的事无非是播音的事。不懂则问，不会就学。在他的工作中没有模棱两可、似是而非，没有凑合、将就和“嗯嗯嗯”“大概吧”。多高的职位，多有名的专家，于字、音、句、情、声、气上的错误，他都义正词严指出。有人说，关山无情面。但我们何尝不知，他有责任，他有性格，见错不说是他的事，知错不改是你的事。

关山老师说，不要追逐权力，专注播音艺术。

这恰是老师不争之品德。如水随行，善于滋润万物而不与万物相争。《道德经》云：上善若水。水善利万物而不争，处众人之所恶，故几于道。

权力会老，艺术常青。而艺术人看重了权力，艺术也会随之老去。只有争别人不争之事，才是大道！

我始终记得作为学生时，第一次有幸见到关山老师时的情景，忐忑、兴奋布满全身。而他，竟不厌其烦地给我一遍遍示范一篇不过几百字的散文诗，花了40多分钟！素不相识却毫无保留的40分钟，给我奠定了播音主持的基础、兴趣和梦想。直到今日，我依然深受他正直、无私、执着和敦厚品格的影响。

吾师之风，乃中国播音艺术之屈指可数的优雅家风。我辈无法企及他的高度，但学他，爱他，传承他；探索，践行，回报他。

师生讨论

1. 为什么说“权力会老，艺术常青。而艺术人看重了权力，艺术也会随之老去”？作者想表达什么心境？

2. 中国著名播音艺术家关山老师已经八十多岁了，影响了中国两代、数亿人之多，为什么他还说自己是“小学生”？

家长采撷

关山做人低调，但求事成，不事张扬。对工作十倍努力，对结果竟一分淡然。即便退休，于天津、北京、中国，乃是播音泰斗，却与妻子悠闲在家，读书，走路，旅游，养生。

像关山一样“淡泊明志，宁静致远”，像孙阳一样“只问耕耘，不问收获”，这样的工作和生活应没啥遗憾了。

学生体悟

古人云：“一日为师，终身为父。”对老师最好的报答，无非就是像孙阳一样，“学他，爱他，传承他；探索，践行，回报他”。

走近作者

孙阳，主持人，播音指导，天津市青年联合会委员。现任天津人民广播电台新闻广播《909早新闻》主播，《公仆走进直播间》节目监制、主持人。曾获中国播音主持“金话筒”奖，以及全国广电系统青年岗位能手、天津市百名杰出女性、天津广播电视“十佳播音员主持人”等称号。播讲的长篇小说《第二次握手》《女省长》《忏悔无门——慈善家李春平的旷世情缘》，纪实文学《中国知青终结》《唐山大地震》《无性婚姻》等作品，均获业界同人与听众好评。

父之遗风，我之家风

宋小词

在乡村里，我们家比较特别。父亲是一名乡村小学教师，算是村里的知识分子，奶奶出身大地主家庭，有私塾功底，八十岁都能用毛笔写字，母亲虽然文化程度不高，却是那个年代公社宣传队的文艺骨干，肚子里装着几十本鼓词，而且能快速识得简谱。别人家农闲时一般打牌打麻将，我们家则是看书的看书，唱曲的唱曲，一股浓浓的文艺味儿。

家里虽然没有悬挂匾额标榜是半耕半读或是诗书之家，但是这种和善美好的家庭氛围犹如春雨细细滋养我们的心田。成长于这样的家庭，内心的感受会更加丰富也更加细腻，父母虽然有望女成凤之愿望，但并不急功近利，他们总说“成材的树不用砍，砍来砍去结疤多”。

我从小就没有受到严苛的管教，做错了事，父母一般都不会动粗，而是轻言细语讲道理，让你真正懂得错在那里。在村里，许多小孩都有手脚不干净的毛病，这是母亲最为瞧不起的，母亲从不允许我们随便拿人家屋里的东西，就是别人扔在垃圾坑里的东西母亲也不允许我们捡回家，她说人的很多坏品性就是从贪小便宜开始的，所谓“从小偷针，长大偷金”。“一个鸡蛋吃不饱，一个臭名背到老”，我们家对名声很看重，从小父母就教我们懂得积攒与珍惜名誉。他们觉得一个人的名誉比穿衣吃饭还重要。

我是姑娘家，父母对我的培养更是花费了许多心血。他们觉得女孩子首先要善良，要踏实，要务实，要能把持一个家，因为女儿终将是嫁到别人家去的。在我们那里，女人在家里的地位像木桶外面的一道围箍，叫箍桶箍，没有这道箍，这个木桶就是散的，所以对女人的要求是很全面的，也是很严格的。母亲说女儿家要比男子更有度量，更要有容人之心，要学会退让之术，对待君子要退，因为你退一步，君子会退三步；对待小人也要退，因为你退一步，小人会在你的退让中得到感化，你退让多了，说不定小人也会成为君子。

我读中学时，村中许多小孩都辍学到南方打工去了，三五年回来，扒了老房子盖洋楼，家里弄得阔气得很。看着昔日同学穿金戴银，我心里也有些不平静，物质的力量也是很强大的，那一瞬给我的内心带来了不小的冲击。但是奶奶提笔在纸上写了一句话：不求金玉重重贵，但愿儿孙个个贤。父母在旁连连点头，他们告诉我，一个人生活在世上，不是为了追求物质上的富有，而应该是追求精神上的自在。一个人如果拥有很多的财富，而他又没有驾驭这些财富的能力，那么这些金钱就会成为他的坟墓。

母亲总说，广厦千间，夜眠不过八尺，家财万贯，日食不过三餐。少一些欲望，就会多一分快乐。父亲也说，一箪食，一瓢饮，居陋巷，人不堪其忧，回也不改其乐。这才是人生的理想生活。

我在这样一种传统的教育中长大，踏入社会后，尽显笨拙与老实，竟吃了一些哑巴亏，也栽了跟头，但时间一长，那些烙在我身上的品质显现出光芒，花言巧语、吹牛皮、说大话终究是站不住脚的。好的品质有如一副过硬的骨架，会支撑人一直走下去，而且脚下的路会越走越平坦，越走越开阔。

父亲去世后，我整理他遗物时发现一个铁盒子里有一张纸，上面用毛笔写着："忠厚传家久，诗书继世长。"这句话虽然不是父亲说的，自古有之，但那次赫然看见，我心灵为之一震。我将它拿出，到武汉后，装裱起来。

我知道，这是父亲对我们的期望。父之遗风，我之家风。

师生讨论

作者母亲很重视名誉，说"从小偷针，长大偷金"，"一个鸡蛋吃不饱，一个臭名背到老"，甚至觉得"一个人的名誉比穿衣吃饭还重要"。一个人的名誉果真有那么重要吗？

请老师与同学查阅悬鱼太守羊续、暮夜却金的杨震、拒贿拾遗的林则徐、一尘不染的周恩来、做官即不许发财的吉鸿昌、淡泊名利的杨业功等人的故事，共同讨论，并发表观点。

家长采撷

作者的父母说：“一个人生活在世上，不是为了追求物质上的富有，而应该是追求精神上的自在。一个人如果拥有很多的财富，而他又没有驾驭这些财富的能力，那么这些金钱就会成为他的坟墓。”也正如作者奶奶写在纸上的忠告：“不求金玉重重贵，但愿儿孙个个贤。”我们家长给孩子灌输和树立的价值观是什么呢？

学生体悟

好的品质有如一副过硬的骨架，会支撑人一直走下去，而且脚下的路会越走越平坦，越走越开阔。

好的品质是一个人的竞争力和生活幸福的源泉。如果没有好品质，走得越快，就跌得越重。

走近作者

宋小词，女，80后，中国作家协会会员，鲁迅文学院第二十届高研班学员。发表《天使的颜色》《血盆经》《开屏》《太阳照在镜子上》《呐喊的尘埃》《锅底沟流血事件》《声声慢》等中长篇小说，作品多次被《小说选刊》《小说月报》《中篇小说选刊》《中篇小说月报》选载，获第六届湖北文学奖。

身教，润物细无声

颜小烟

不久前，在我们学校发生过这样一件事：某学生在体育课上，与老师踢球，铲球时因用力过猛撞到了老师小腿。因球赛激烈，两人当时都没太在意。傍晚回家，该学生的脚逐渐肿痛起来，父母问及，该学生便谎称在学校踢球时被老师踢伤。次日，其父母以老师故意踢伤以及不及时为该学生处理伤口为由大闹学校，说是要讨个说法。最终，迫于学校的压力，该老师不得不对该学生登门道歉。

当今社会，这样的事例已屡见不鲜，轻则让老师道歉，重则让老师下跪。不知从何时起，自古以尊师重道而闻名遐迩的礼仪之邦，家风教育竟沦落到了这般田地。

可仔细一想，纵观当下的许多家庭结构，要么“4+1”（四个大人围着一个孩子），要么“6+1”（六个大人围着一个孩子），众星拱月般地呵护，哪里容许孩子受半点委屈？在过度呵护下成长的孩子，很快就长成了易碎品，稍不小心，从身体到心理都会瞬间支离破碎。孩子完全成了大人意志的产物，而非一个完整的人。

很多次，望着身边经过的一个个行色匆匆、神情淡漠的孩子，我都会不自觉地想起自己小的时候。那时候的父母日出而作，日落而息，根本无暇顾及我，让我得以在小渔村里无忧无虑、自由随性地成长。爬树、下海、铲盐、挖螃蟹……唯一的约束来自于母亲的道德规范：诚实、守礼、忍让！母亲从不多言，也不与人斤斤计较，和邻里相处甚洽。从小到大，我从未见她与人红过一次脸。她一直用自己的言行潜移默化地影响着我，乃至我的孩子。

因为受母亲的耳濡目染，我非常信奉“身教重于言教”。面对着如此喧嚣的社会，人人都把孩子的成绩奉若神灵，为了不输在起跑线上，人们挖空心思变相地培养着孩子，却渐渐遗忘了孩子们的心灵塑造。鉴于此，从儿子很小的时候开始，我就强迫自己要事事以身作则。无论是穿衣，还是吃饭；无论是刷牙，还是洗碗；无论是画画，还是阅读。在孩子行为习惯的一步步养成过程中，我甘之如饴地享受着来自母亲的恩泽。

雨天，我撑着雨伞和儿子在操场上戏水；夏夜，我们趿拉着拖鞋在草丛中寻找萤火虫；午后，我们趴在草地上灌蟋蟀；临睡前，我们坐在阳台上数星星。日渐一日，我看到儿子脸上常常挂着灿烂的笑容，笑声仿佛一点就燃，空气里到处是自由的味道。现在，每次与儿子聊天，我都会不自觉地被他那天马行空、恣肆汪洋的想象力给慑服。

人们常说，孩子是父母的影子。父母的言行投射在孩子的身上，效果可谓立竿见影。试想，一个经常在孩子面前数落老师不是的父母，他的孩子又怎么可能会懂得尊师重道呢？一个谎话连篇的孩子，你又怎么敢保证他的父母不爱信口胡诌呢？

我想，最好的教育应该是春风化雨似的，让孩子慢慢地长成自己。最好的家风应该源自于宽松自由的家庭环境、开明懂事的父母，以及父母用自己的一言一行打造出来的家庭氛围。

师生讨论

1. 踢球时磕碰撞伤在所难免，那个学生到家为什么对父母谎称是被老师踢伤的？

2. 学生父母又为何以老师故意踢伤以及不及时为学生处理伤口为由大闹学校？

3. 本来不是老师的责任，老师为什么还要迫不得已登门道歉？

家长采撷

人人都把孩子的成绩奉若神灵，为了不输在起跑线上，人们挖空心思变相地培养着孩子，却渐渐遗忘了孩子们的心灵塑造。

如果一个有了成绩、有了荣誉、有了名次的学生，却没了心灵上的诚实、守礼、宽容和真爱，那么，有的那些东西便没有根基，不可能长久。

学生体悟

在过度呵护下成长的孩子，很快就长成了易碎品，稍不小心，从身体到心理都会瞬间支离破碎。孩子完全成了大人意志的产物，而非一个完整的人。

过度呵护是“温柔的杀手”。你愿意在家长的过度娇惯和宠爱下成长，做一个缺乏自强、自立、自信和自爱的“幸福白痴”吗？

走近作者

颜小烟，80后女子，现居海南文昌。鲁迅文学院第二十届高级研讨班学员，海南省作家协会会员，文昌市作家协会副主席。迄今已在《天涯》《诗刊》《诗林》《诗潮》《中国诗歌》《诗歌月刊》《东方女性》《滇池》《海南日报》《海拔》等报刊发表诸多诗歌、散文作品，作品入选多种年度选本，获得多项文学奖项。

家风，传递爱

刘汉斌

父母不只是给了我生命的人，他们给予我的除了发肤，还有教养。我的父母都是农民，没有读过书，不识字。他们只是穷其一生，将从祖上传下来的治家齐家的本领接过来，递给我。

年幼时第一次挑水，父亲就告诉我，把身子挺直了，扁担才不会将肩膀压坏；咬住牙，挺起身板，踩着节奏向前走；换肩挑，左右肩膀轮流换，缓步走路不慌张。这是父亲在我孩童时期的人生启蒙，从第一担水开始，教我学会担当。

少年时，好好读书，是父亲对我唯一的嘱托。于是我也就习惯在读书之外的时间将双手插在裤兜里，像个局外人一样，站在父亲的身后看他劳作。

父亲的双手像干旱的土地一样皲裂，十根手指都缠满了塑料，裤子膝盖处摞满了厚厚的补丁，我忍不住双膝跪在父亲身旁，与他并肩跪在六月的麦地里，父亲摸摸我的头，麦土悄然灌入我的领口。父亲拔四行，给我留两行，我被父亲远远地甩在身后；父亲拔五行，我拔一行，还是赶不上父亲；父亲拔六行，我爬起身追上父亲，父亲却说，歇歇吧，慢慢来，农活可以落后，功课一定不能落后。父亲在麦黄六月的麦地里的嘱托，成了我日后学习的动力。

打麦场上，父亲双手掬起一捧颗粒饱满的麦子，单薄的身体在风中瑟瑟发抖。父亲一定又想起了祖父，最终没有从春小麦春种秋收的轮回里坚持走下去的祖父。每当打麦场上的麦粒堆积如山的时候，父亲就双膝跪在麦粒堆上默默为在秋日里还没有来得及尝最后一口新麦味道的祖父祈祷。

年轻时的母亲有一副宽厚的肩膀，无数个夜晚，她用身体遮掩着灯光，把我遮在暗处，让我安心入睡。我常常会在半夜里醒来，醒了，却不弄出声响，看母亲在灯下全神贯注的神情，看她在一块布上飞针走线的手，那双手，就像是围绕着昏黄的灯光上下翩飞的一对蝴蝶，飞着飞着，就化成了浓浓的爱意。于是，在母亲点灯熬油缝缝补补的每一个夜晚，我都是带着一脸的笑意幸福地睡去。

每天晚上，吃饭的时候，用马灯，吃完了饭，等我和父亲都睡下了，母亲就将马灯熄灭了挂在墙壁上，点起煤油灯，面灯而坐，拿起前一晚没有做完的活计，继续熬夜。我和父亲被母亲宽大的身影遮住，听着母亲一下一下纳鞋底的声音入眠。

一把笤帚，常被母亲用到了极致。初始用来扫炕，新扎成的笤帚细软，扫炕不挂毡上的羊毛，又能扫净灰尘，而用上一段时日，细软的枝条耗磨尽了，就只能用来扫地，等磨到只有一拃长的时候，母亲还是舍不得扔掉，用它刷锅。农村大都用煮熟的土豆喂养牲畜，而每次煮过土豆的锅，锅垢很厚，母亲舍不得买刷锅的铁丝球，就用一把老笤帚刷锅，一直刷到快磨手才扔掉，一把笤帚的使命才算完成。扫帚苗年年生年年长，母亲每年都会在扫帚苗长成的时候扎下几把笤帚放在家里备用。她从来都不会轻易将上手的一件家什丢弃，除非用到确实没法再用了。

母亲刚过四十岁，却患上了严重的哮喘。带着母亲去医院看病，母亲的肺部跟一个二十年烟龄的人的肺部一样。

油灯熏坏了母亲的双眼，需要时刻滴眼药水；油烟熏坏了母亲的呼吸道，需要打点滴和吃药，母亲却毫无怨言，而常常为我给她买了药品，并带她去医院看病而感动涕零，并逢人便夸我是个孝子。从小被自己的母亲夸大，唯独在这个时候，母亲的话令我脸如火烧，与母亲的倾心付出相比，孝子二字在我身上该是多么沉重的一个词啊。

我终于如愿以偿地考上了学。离报到的日子越来越近，母亲整天忙着为我收拾行李，备吃食。父亲从一大早起来就蜷缩在堂屋的门口，一坐就是整整一天，我实在不忍心看见父亲这么痛苦，我把心一横，对父亲说，这学我不上了。

我的话刺中了父亲委屈而愧疚的心，父亲突然跳将起来，给我一记脆响的耳光。

“就是砸锅卖铁，这个学你一定得上。”父亲是吼着对我说的，我看见，他的整个身体在单薄的衣衫里瑟瑟颤抖。

临行，父亲为了凑足学费，把粮房里所有的麦子、谷子、糜子、荞麦、莜麦和准备擀毡的羊毛以及准备盖上房的椽子全都卖了，把一沓大大小小的纸币塞进我的手中。那是我人生中握在手里感觉最沉重的一沓钱，从那一沓钱开始，我已经长大成人。

担当、坚持、感恩、勤俭、孝顺，就像一粒粒承载着爱的种子，被父母扬手撒进了我的心里，如今这些种子已经生根发芽。我顺承了父母的职业，也顺应了他们的心愿，我是父母这一生最得意的一棵庄稼。

师生讨论

1. 母亲因为常年使用煤油灯熏坏了双眼和呼吸道，做儿子的为她买药，带她去医院看病，只是尽了最平常的孝道，为什么母亲还感动涕零？

2. “就是砸锅卖铁，这个学你一定得上。”作者的父亲为什么吼着对作者说这句话，并且“整个身体在单薄的衣衫里瑟瑟颤抖”？

家长采撷

一把笤帚，常被母亲用到了极致。初始用来扫炕，新扎成的笤帚细软，扫炕不挂毡上的羊毛，又能扫净灰尘，而用上一段时日，细软的枝条耗磨尽了，就只能用来扫地，等磨到只有一拃长的时候，母亲还是舍不得扔掉，用它刷锅。

如今生活富足了，我们看到作者母亲如此节约，可能感到匪夷所思。然而，节约不在于有钱没钱，而是一种人生态度，尤其是家长对孩子要以身作则。“成由勤俭败由奢”并非是老生常谈，奢侈与浪费不但可以败家，甚至能够亡国，历朝历代这样的例子并不少见。现在日常生活中的浪费现象司空见惯，菜吃一半倒一半，“长明灯”“长转扇”“长流水”，随处可见；一次性餐盒、筷子、纸杯使用没有节制……

作为家长，为了孩子，我们应深思。

学生体悟

担当、坚持、感恩、勤俭、孝顺，就像一粒粒承载着爱的种子，被父母扬手撒进了我的心里，如今这些种子已经生根发芽。我顺承了父母的职业，也顺应了他们的心愿，我是父母这一生最得意的一棵庄稼。

真正的孝敬不是简单地满足父母的生活需求，而是将“担当、坚持、感恩、勤俭、孝顺”等家庭美德树立和传承下去。请阅读理解《孝经》中的：“立身行道，扬名于后世，以显父母，孝之终也。”意思是：遵循仁义道德，有所建树，显扬名声于后世，从而使父母显赫荣耀，这是孝的终极目标。

走近作者

刘汉斌，男，1982 年出生于宁夏。宁夏作家协会会员，鲁迅文学院第二十届中青年作家高级研讨班学员。先后在《青年文学》《文艺报》《散文》《北京文学》《文学界》等纯文学杂志发表植物系列散文 300 余篇，部分作品被《散文选刊》《散文海外版》《读者》《经典美文》《中华活页文选》等转载。曾获 2012 年冰心儿童文学新作奖、宁夏第八次文学艺术奖、首届《朔方》文学奖等奖项。植物系列散文集《草木和恩典》入选“21 世纪文学之星丛书 2014 年卷”。

书香润泽的小草

马金莲

我最初的阅读得益于父亲。父亲是一个文学爱好者，在乡文化站上班。当年他高考落榜后，一边给队里放羊，一边写通讯，再用钢笔誊写在信纸上，装进信封投出去。这样的人物通讯前后有多篇在当地的报纸上刊登。

生计艰难，父亲最终没有走上文学创作的道路，但他阅读的爱好多年来一直保持着，除了单位的书籍，他还自己订阅了《小说月报》《故事会》《民间文学》《今古传奇》《名人传记》等杂志。

记忆里我家上房的柜上搁着一个很小的书柜，里面装满了书，那都是父亲看重的书，比如《聊斋志异》《三言二拍》和四大名著，还有汉译《古兰经》等等。

随便拉开家里哪一个抽屉，里面除了针头线脑、剪刀锥子，就是书。一本或者三四本旧杂志躺在里面。

懵懂中我翻开了一本民间故事集。看到了一个短小的故事。我很惊讶，想不到文字里竟然含着一个故事，一个有头有尾有情节有人物有事件的故事。阅读给我带来了喜悦。看完一本，接着看下一本。

民间故事已经不能满足我的好奇心，我的手伸向了《今古传奇》《故事会》。

三年级时候父亲给我订阅了《中国少年儿童画报》，这是一本图文并茂、通俗易懂的少儿读物。从那以后每个月我都盼着日子过快点，父亲去上班，给我把杂志带回来。后来又订阅了《儿童文学》，这也是一本让我爱不释手的读物。

我的小叔也是喜欢阅读的人。他比我略大，我记事的时候他已经是个懂事的男孩了，跟着我父亲在乡上的学校念书，每周坐在父亲的自行车后归来，他的书包里总会藏着小人书。

小人书是一种更吸引我的读物，小小的开本，里面画着逼真的图像，图画下面或者旁侧配有文字。《杨家将》《聊斋故事》等等，看得我如痴如醉。

渐渐地我的阅读内容驳杂起来，《今古传奇》上的长篇故事我能一口气读完，小书柜里那些薄一点的书都翻完了，开始抱着一本《西游记》发呆。

《西游记》看完，轮到了《暴风骤雨》《苦菜花》《水浒传》和《西汉演义》《三国演义》。

看书的时光真是美妙，全部身心都沉浸在一个世界里，会忘了时光，忘了身处何地。

这时候我已经不留恋那些过期的杂志和看了好几遍的书籍了，百无聊赖中，我重新翻出小书柜里那本叫《心灵史》的书，很快被吸引住了。

父亲见我没书可读，过些日子就去单位拿一些回来，等我看完了，还回去，然后又换一些回来，从中外名著到历史、哲学、社会学、生物学和木工学图书，尽可能丰富。

后来我拿起了笔，成为一个写东西的人。我书写的范围一直围绕着我熟悉的村庄。一个村庄就是一个完整的小社会，从吃饭穿衣到生育繁衍，再到内心信仰、生病、老去、死亡和归于尘土。人口一茬一茬替换，村庄在缓慢地发生着变化。

我写了听来的，看到的，看不到但是用想象可以弥补的，在我内心里感触最深刻、最忘不了、最让我难过、动心和动情的人和事。

现在，我依旧坚持着阅读的习惯，阅读范围比过去宽泛多了，心态也不似最初的懵懂和单纯，不是为了消磨时间，而是想看明白一些东西，试图通过文字这一媒介从更广阔深厚的意义上去解读自己正在经历的生活和日渐消耗的生命。一个人的阅读史，漫长又短暂，坎坷又充实，与书籍为伴，与文字为伴，读过的那些经典和那些贡献出经典的大师，像灯塔一样照亮了我的生命之旅。而父亲，这个在西海固农村生活了一辈子的回族男人，从最初的阅读引导到如今对我写作的关注，他像一个热爱农耕的老农，用最纯净的方式浇灌着我的生命，让我这株无名小草成了一株被书香浸润了生命底色的小草、幸福的小草。

如今，热爱阅读的习惯已经传给了我的孩子，每当看着女儿站在书柜前，抱着一本书沉浸其中，我就觉得内心无比安宁。像当年的父亲一样，在远处无声地看着，然后逐步给她提供需要阅读的书籍，我想让曾经浸润过自己的书香也去润泽下一代的生命，希望她由此成长为一株幸福的草。

师生讨论

作者的读书历程是循序渐进和始终如一的。作者因为从小读书，自然能够对社会有深刻的了解。但从文中自始至终没有看到作者提到“微信阅读”“手机阅读”。请问，作者为什么不把手机当作阅读工具？

家长采撷

如今，热爱阅读的习惯已经传给了我的孩子，每当看着女儿站在书柜前，抱着一本书沉浸其中，我就觉得内心无比安宁。

还有什么比看到自己的儿女能潜心阅读，被书籍浸润，成长为“一株幸福的草”而让父母满足的呢？

学生体悟

一个人的阅读史，漫长又短暂，坎坷又充实，与书籍为伴，与文字为伴，读过的那些经典和那些贡献出经典的大师，像灯塔一样照亮了我的生命之旅。

读书，是一个人的人生必备课。若想成功，必定要读，因为书里有经验、忠告和方法；若想美丽，必定要读，因为

18岁之前的容貌是父母给的，18岁以后的便是靠自己读书、历练打扮出来的。可以说，没有什么比读书更近的走向成功的路，也没有什么比读书更快乐的事。

走近作者

马金莲，女，回族，宁夏西吉人。中国作协会员。在《北京文学》《清明》《十月》《花城》等刊物发表中短篇小说150余万字，大量作品被各类选刊选载。部分作品入选各种年度选本，有作品被译介到国外。出版有小说集《父亲的雪》《碎媳妇》《长河》，长篇小说《马兰花开》。获《民族文学》年度奖、《小说选刊》年度奖、中国作家出版集团突出贡献奖和宁夏首届《朔方》文学奖、郁达夫小说奖，入选中国小说年度排行榜，《马兰花开》获全国“五个一”工程奖。

图书在版编目（CIP）数据

中国家风：学生版 / 张建云，赵志国主编 .—济南：山东友谊出版社，2016.6（2019.5 重印）

ISBN 978-7-5516-1052-0

Ⅰ . ①中… Ⅱ . ①张… ②赵… Ⅲ . ①家庭道德 – 中国 – 青少年读物 Ⅳ . ① B823.1-49

中国版本图书馆 CIP 数据核字 (2016) 第 133553 号

主管单位：山东出版传媒股份有限公司
出版发行：山东友谊出版社
地　　址：济南市英雄山路 189 号　邮政编码：250002
电　　话：出版管理部（0531）82098756
　　　　　市场营销部（0531）82098035（传真）
印　　刷：临沂市昱昇印刷有限公司
版　　次：2016 年 6 月第 1 版
印　　次：2019 年 5 月第 9 次印刷
开　　本：889 mm × 1194 mm　1/32
印　　张：7.25
字　　数：150 千字
定　　价：19.80 元